# 几案风韵

## 古典家具的气质之美

焦杰 编著

陕西新华出版传媒集团

未来出版社

图书在版编目（ＣＩＰ）数据

几案风韵：古典家具的气质之美 / 焦杰编著 . -- 西安：未来出版社，2018.5

（中华文化解码）

ISBN 978-7-5417-6612-1

Ⅰ.①几… Ⅱ.①焦… Ⅲ.①家具－研究－中国－古代 Ⅳ.①TS666.202

中国版本图书馆CIP数据核字（2018）第096971号

几案风韵——古典家具的气质之美

JIAN FENGYUN——GUDIAN JIAJU DE QIZHI ZHI MEI

选题策划　高　安　马　鑫

责任编辑　高　安

装帧设计　陕西年代文化传播有限公司

出版发行　陕西新华出版传媒集团　未来出版社

　　　　　地址：西安市丰庆路91号　邮编：710082

经　　销　全国新华书店

印　　刷　陕西天丰印务有限公司

开　　本　880mm×1230mm　1/32

印　　张　7.5

版　　次　2018年6月第1版

印　　次　2018年6月第1次印刷

书　　号　ISBN 978-7-5417-6612-1

定　　价　26.00元

如有印装质量问题，请与印厂联系调换

# 总 序

　　中华民族的历史源远流长，从刀耕火种之始，物质文化便与精神文化相辅相成，一路扶持，共同缔造了博大精深的中华文化。这不仅使古代的中国成为东亚文明的象征，而且也为人类文明史增添了一大笔宝贵的遗产。在中国的传统文化中，物质文化以其贴近人类生活，丰富多彩和瑰丽璀璨的特点，集艺术与实用为一体，或华丽，或秀雅，或妩媚，或质朴，或灵动，或端庄，而独步于世界文化之林，古往今来备受东西方瞩目。"中华文化解码"丛书以通俗流畅、平实生动的文字，为我们展示了传统文化中一幅幅精美的图画。

　　上古时代，青铜文化在中原地区兴起，历经夏、商、西周和春秋，约1600年。其间生产工具如耒、铲、锄、镰、斧、斤、锛、凿等，兵器如戈、矛、戟、刀、剑、钺、镞等，生活用具如鼎、簋、鬲、簠、盨、敦、壶、盘、匜、爵等，乐器如铙、钟、镈、铎、句鑃、錞于、铃、鼓等，在青铜时代大都已出现了。西周初期，为了维护宗法制度，周公制礼作乐，提倡"尊尊""亲亲"，一些日常生活中所用的器物逐渐演变成体现社会等级身份的"礼器"——或用于祭祀天地祖先，或用于朝觐宴饮，身份不同，待遇不同，等级森严，不得逾越。王公贵族击鼓奏乐、列鼎而食，天子九鼎，诸侯七鼎，卿大夫、士依次递减，身份等级，斑斑可见。鼎、簋、鬲、簠等食器，铙、钟、镈、铎等乐器，演变成为贵族阶级权力的象征。以青铜器为象征符号的礼乐制度，虽然随着青铜文化的衰落而由仪式转向道德，但对中国传统文化的影响却极为深远。

春秋战国时代，由于铁器的兴起并被广泛应用于社会生产和日常生活之中，人们的生活方式发生了巨大的改变。首先，铁农具的使用提高了农业生产力，社会财富日益积累，人们的生活水平得以提高，追求物质享受和精神愉悦的需求，反过来促进了衣食住行生产的发展；其次，手工制造业也因铁器的使用而开始发达，木质生活器具——漆器兴起，并逐渐取代了青铜器成为日常生活中的主要器具。曾经作为礼器的各类器具走下神坛，开始了"世俗化"的生活，品种越来越多，实用性越来越强，反过来促使生活器具愈来愈趋向人性化。在物质与精神的双重追求下，传统社会的物质文化不断向着实用和审美两者兼具的方向发展，成为中华民族传统文化的象征符号。

中国是传统的农业国家，讲起传统文化，不得不首先谈谈耒耜、锄、犁、水车、镰和磨等农业生产工具。人们使用它们创造并改变了自己的生活，同时也在它们身上寄托了丰富的感情。在中国的传统文化里，一直存在着入世与出世的两种精神。或读书入仕，或驰骋疆场，光宗耀祖，修身、齐家、治国、平天下的理想激励着多少古人志存高远。但红尘的喧嚣，仕途的艰险，又使人烦扰不已，于是视荣华为粪土，视红尘为浮云，摆脱尘世的干扰，寻一方乐土，回归淡然恬静，也成为很多人理想的生活方式。耒耜、犁等作为农业生产必不可少的农具，也成为这些人抒发遁世隐居情怀的隐喻。"国家丁口连四海，岂无农夫亲耒耜。先生抱才终大用，宰相未许终不仕。"那座掩映在山间，坐落在溪流之上的磨坊，随着水流而吱吱旋转永无休止的磨盘，则成为古人自我磨砺、永不言败、超脱旷达的象征。

农耕文化"日出而作、日落而息"的慢节奏的悠闲生活，使得我们的祖先有的是时间去研究衣食住行等多方面的内容，从而创造了独特的东方文化精粹。其中，饮食文化是最具吸引力的一个内容。不论是蒸、煮、炝、炒，还是煎、烤、烹、炸，不论是蔬果，还是肉蛋，厨艺高超的烹饪师都有本事将它们做成一道道色、香、味俱全的美味佳肴。这些美味佳肴配上制作精美、造型各异的食器，便组成了一场视觉与味蕾的盛宴。从商周的青铜器，到战国秦汉的漆器，再到唐宋以后的瓷器，传统社会的食器从材质到形制及其制作方法都发生了很大的变化，唯一不变的是对美学艺术和精神世界的追求。从抽象而神秘的纹饰，再到写实而生动的画面，不论是早期的拙朴，还是后期的灵秀，都倾注着中华民族的祖先对生活的热爱与执着。因为饮食在中国传统文化中起着调和人际关系的重要作用，所以中国文化的含蓄与谦恭，尽在宾主之间的举手投足之中，而那一樽樽美酒、一杯杯清茶与精美的器皿则尽显了中国饮食文化的热情与好客。"醉翁之意不在酒，在乎山水之间也"，"兰陵美酒郁金香，玉碗盛来琥珀光"，酒与古代文人骚客"联姻"，成就了多少绝世佳句！

衣裳服饰，既是人类进入文明的标志，也是人类生活的要素之一。它除了具有满足人们遮羞、保暖、装饰自身需求的特点外，还能体现一定时期的文化倾向与社会风尚。我国素有"衣冠王国"的美称，冠服制度相当等级化、礼仪化，起自夏、商，完善于西周初期的礼乐文化，为秦汉以后的历代王朝所继承。然而在漫长的历史发展中，我国的传统服饰，包括公服和常服，却不断地发生着变化。商周时的上衣下裳，战国时的深衣博带和赵武灵王的"胡服骑射"，汉代的宽袍大袖，唐代的沾染胡风与开放华丽，宋明时期的拘谨与严肃，清代的呆板与陈腐，无不与经济、政治、思想、文化、地理、历史以及宗教信仰、生活习俗等密切相关。隋唐时期，社会开放，经济繁荣，文化发达，胡风流行，思想包容，服饰愈益华丽开放，杨玉环的《霓裳羽衣曲》以"慢束罗裙半露胸"的妖娆，惊艳了整个中古时代。

在中国古代服饰发展的过程中，始终体现着社会等级观念的影响，不同社会身份的人，其服装款式、色彩、图案及配饰等，均有着严格的等级定制与穿着要求。服饰早已超越了其自然功能，而成为礼仪文化的集中体现。

对人类而言，住的重要性仅次于衣食。从原始时代的穴居和巢居，到汉唐的高大宏伟的高台建筑，再到明清典雅幽静的园林，中国的居住文化由简单的遮风避雨，逐渐发展到舒适与美观、生活与享受的多种功能，而视觉的舒适与精神的审美则占了很大一部分比重。明代文人李渔在《闲情偶寄》中讲道："盖居室之制贵精不贵丽，贵新奇大雅不贵纤巧烂漫"，"窗栏之制，日新月异，皆从成法中变出"。在他们眼中，房屋的打造本身就应该是艺术化的一种创作，一定要能满足居住者感官的需求，所以要不断推陈出新。在这样的诉求下，中国的传统居住文化集物质舒适与精神享受为一体，一座园林便是一个"天人合一"的微缩景观，山水松竹、花鸟鱼虫等应有尽有，楼、台、亭、阁、桥、榭等掩映其间，错落有致。临窗挥毫，月下抚琴，倚桥观鱼，泛舟采莲，"蓬莱深处恣高眠"，"鸥鸟群嬉，不触不惊；菡萏成列，若将若迎"，好一幅纵情山水、优游自适的画卷！

与传统园林建筑相得益彰的是家具。明清时代的木制家具不仅是中国文化史上精美的一章，也是人类文明史上华丽的一节。幽雅的园林建筑配上典雅精致的木制家具，寂寞的园林便有了生命的存在。木质家具是人类生活中必不可少的器具，它的广泛使用与铁制工具的普及密切相关。从秦汉时期的漆器，到明清时期的高档硬木，古典家具经历了2000多年的发展历程。至明清时代，中国的古典家具便以简洁的线条，精致的榫卯结构，以及雕、镂、嵌、描等多种装饰的手法而闻名于世。因为桌案几、椅凳、箱柜、屏风等的起源都可上溯到周代的礼器，所以尽管长达数千年的发展，木质家具早已摆脱了礼器的束缚，不但形式多样，而且制作精美，但是在它们身上仍然体现了传统文化的影响。功用不同，形制不一，主人的身份不同，家具的装饰与材质也就不同。一张桌子、一把椅子、一张床、一座屏风，不仅仅显示的是主人的身份和社会地位，也是主人品位和风雅的体现。正因为如此，文人士大夫往往根据自己的生活习性和审美心态来影响家具的制作，如文震亨认为方桌"须取极方大古朴，列坐可十数人，以供展玩书画"。几榻"置之斋室，必古雅可爱"。"素简""古朴"和"精致"的审美标准，加上高端的材质、讲究的工艺和精湛的装饰技术，使我国的古典家具成为传统物质文化中的瑰宝。

中国传统文化有俗文化与雅文化之分，被称作翰墨飘香的"文房四宝"——笔、墨、纸、砚，便是雅文化中的精品。这是一种渗透着传统社会文化精髓的集物质元素与精神元素为一体的高雅文化。从传说中的仓颉造字起，笔、墨、纸、砚便与中国文人结下了不解之缘。挥毫抒胸臆，泼墨写人生，在文人士大夫眼中，精美的文房用具不仅是写诗作画的工具，更是他们指点江山、品藻人物、激扬文字、超然物外、引领时代风尚的精神良伴，即"笔砚精良，人生一乐"是也。作为文人的"耕具"，笔具有某种人格的意义，往往作为信物用于赠送。墨等同于文才，"胸无点墨"便是不知诗书。在中外的历史上，没有哪一个民族像中华民族这样，能把文化与书写工具紧密相连，也没有哪一个民族的文人能像中国文人那样，把笔、墨、纸、砚视作自己的生命或密友。在这样的文化氛围中，人们对笔、墨、纸、砚的追求精益求精，它们不再仅仅是书画的工具，更成为一种艺术的精品。可以说，文人士大夫对"文房四宝"的痴迷赋予其深沉含蓄的魅力，而深沉含蓄的"文房四宝"则成就了文人士大夫温文儒雅、挥洒激扬的风姿。"风流文采磨不尽，水墨自与诗争妍。画山何必山中人，田歌自古非知田。"两者水乳交融的结合，形成了中国文化特别是书画艺术无与伦比的意蕴。

说到音乐，则既有所谓"阳春白雪"之类的雅乐，也有所谓"下里巴人"的俗乐，更离不开将音乐演绎成"天籁之声"和"大珠小珠落玉盘"的传统乐器。音乐的产生与人类的文明有着密切的关系，音乐和表现音乐的各种乐器，与文学、书法、绘画等艺术形式一样，既是人类文明的产物，也是文化的重要组成部分。作为精神文明的成果，音乐经历了人神交通、礼仪教化、陶冶情怀和享受娱乐的几个阶段，曲调由神秘诡异、庄重肃穆变得清雅悠扬、活泼轻快起来。传统的乐器也由拙朴的骨笛、土鼓、陶埙等，演变成大型的青铜编钟，进而又演化成琴、筝、箫、笛、二胡、琵琶、鼓等。每一种乐器都演绎着不同的风情，"阅兵金鼓震河渭"擂起的是军旅的波澜壮阔；"半台锣鼓半台戏"敲响的是民间的欢乐喜庆；有"天籁之音"之称的洞箫，吹山的是中国哲学的深邃；音色古朴醇厚的埙，传达的是以和为美的政治情怀。在所有的乐器中，最为人所重的是琴。在古代，琴被视为文人雅士之所必备，列于琴、棋、书、画之首，"琴者，情也；琴者，禁也"，它既是陶冶情怀、修身养性的重要工具，又是抒发胸怀、传递情感的媒介。一曲《高山流水》使伯牙、钟子期成为绝世知音，一曲《凤求凰》揭开了司马相如与卓文君爱情的序幕，《平沙落雁》《梅花三弄》等则奏出了骚人墨客的远大抱负、广阔胸襟和高洁不屈的节操。

　　与雅文化相对应的是俗文化。俗文化产生于民间，虽然没有"阳春白雪"的妩媚与高雅，却有着贴近生活的亲切和自然。那些小物事、小物件，看起来不起眼，却在日常生活中不可或缺。那盏小小的油灯，虽然昏暗，却在黑暗中点燃了希望；上元午夜的灯海，万人空巷，火树银花，宝马雕车，是全民族的节日狂欢。文化必须在流动中才能绽放美丽。那曾经是帝王专用的华盖，虽然因走向民间而缺少了威严，但民间的艺术却赋予它更多的生命意义：以伞传情，成就了白娘子与许仙的传奇；以伞比兴，胜于割袍断义的直白。庆典中的伞热烈奔放，祭典中的伞庄重肃穆，浓烈与质朴表达的都是传统文化的底蕴。原本"瑞草葐蒀叶生风"的扇，只为夏凉而生，在文人墨客手里却变成了风雅，"为爱红芳满砌阶，教人扇上画将来。叶随彩笔参差长，花逐轻风次第开"。

扇与传统书画艺术的结合，使其摇身一变而登堂入室。而秋扇寒凉之悲，长袖舞扇之美，则为扇增添了凄美与惊艳。那把历经沧桑的锁呢？它锁的不是悲凉哀伤，而是积极快乐、向往美好和吉祥如意的心，既关乎爱情，也关乎生活，更关乎人生！

在传统的民俗文化中，有一组主要由女人创造的物质文化载体，那就是纺织、编织、缝纫、刺绣、拼布、贴布绣、剪花、浆染等民间手工艺品。同其他传统物质文化一样，这些民间手工艺品，在中国也传承了数千年的历史，并且一代一代由女性传递下来。这些民间艺术作品秀外慧中，犹如温婉的女子，默默与人相伴，含蓄多情，体贴周到却不张扬。因为是女人的制作，这些民间艺术难登大雅之堂，但离了它，人们的日常生活便缺失了很多色彩。

剪纸起源于战国时期的金箔，本是用于装饰，自从造纸术发明以来，心思灵慧的女人们便用灵巧的双手装点生活，婚丧嫁娶，岁时节日，鸳鸯戏水、十二生肖、福禄寿喜、岁寒三友等，既烘托了气氛，又寄托了情感。男女交往，两情相悦，剪纸也是媒介，"剪彩赠相亲，银钗缀凤真……叶逐金刀出，花随玉指新"。

由结绳记事发展而来的中国结，经由无数灵巧双手的编结，呈现出千变万化的姿态，达到"形"与"意"

的完美融合。喜气洋洋的"一团锦绣"，象征着团结、有序、祥和、统一。

最早的绣品出现在衣服之上，本是贵族身份地位的标志，龙袍凤服便是皇帝和皇后的专款。不过，聪慧的女人把自己的生活融入了刺绣艺术之中，各种布艺都是她们施展绣技的舞台，对生活的期望和祝福也通过具有象征意义的图画款款表达。那或精致小巧、或拙朴粗放的荷包，都寄托了女人们不尽的情怀！中国的四大名绣完全可以当之无愧地登堂入室，成为中华传统文化的瑰宝。

"渔阳鼙鼓"不仅惊醒了唐玄宗开元盛世的繁华梦，也打破了大唐民众宁静的生活。那些从远古狩猎器具发展演变而来的干戈箭羽，曾经是猎人骄傲的象征，如今却变成了杀人的利器，刀光剑影中，血似残阳。在漫长的冷兵器时代，刀枪棍棒、斧钺剑戟，对皇家而言，是权威的象征，威严的仪仗便是象征着皇权之不可撼动；但对个人而言，则是勇士身价的体现，三国时代的关羽以"走马百战场，一剑万人敌"而扬名千年。然而，正如其他器物一样，兵器在传统文化中也被赋予了多样的文化象征意义。"项庄舞剑，意在沛公"，这剑便是杀气，项庄便是剑客；文人弄剑，展现的则是安邦定国、建功立业的豪气。斧钺由兵器一变而为礼器，象征着军权帅印，接受斧钺便意味着被授予兵权，因此斧钺就成为皇权的象征。斧钺的纹饰为皇帝所独享，违者就是僭越。礼乐文明赋予传统文化雍容的气质，也为嗜血的兵器涂上一抹温雅的祥和，那就是"化干戈为玉帛"和射礼的出现。春秋时代的中原逐鹿原本就是华夏民族内部的纷争，"兄弟阋于墙，外御其侮"，民族发展的最大利益便是和平。逐鹿的箭羽配着优雅的乐调，大家称兄道弟一起享受着投壶之乐，一切矛盾化为乌有。

　　具有五千年历史的中华民族，以其勤劳和智慧，创造了丰富多彩、璀璨夺目的物质文化。它们源于生活，又高于生活，在数千年的发展中，融合了雅俗文化的精髓，变得富有生命力和艺术创造力。它们是一种象征符号，蕴含了传统文化的博大精深；它们是一幅美丽的画卷，展现了传统文化的精致典雅；它们是一部传奇，演绎了传统文化由筚路蓝缕走向辉煌。它们所体现出的文化元素，不仅使历史上的中国成为东亚文化的中心，也成为西方向往的神秘王国。它们犹如一部立体的时光记忆播放机，连续不断地推陈出新，中华文化精神也就在这些集艺术与实用为一体的物质元素中一代一代地传承下来。

焦　杰

# 目　录

# 绪 论

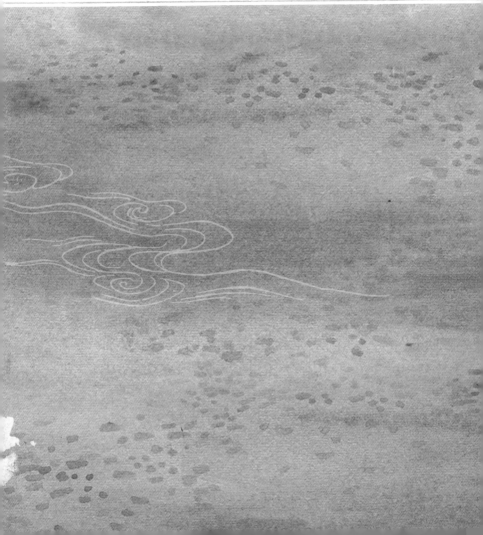

在中国古代灿烂的历史文化中，有一集制作工艺、审美意识和实用价值，以及社会文化心理和民俗文化传统为一体的艺术瑰宝，那就是古典家具。

中国的古典家具按其用途主要可以分为五大系列：几案类、椅凳类、屏风类、箱柜类和床榻类。这五大系列的家具虽然形制不同，用途不一，但在古人的日常生活之中都非常重要，缺一不可。而且它们彼此之间也关系紧密，在发展演变过程中相依相生、不可或缺。作为四大文明古国之一，中国家具的历史可以上推到夏商周时期。在当时，传统家具五大系列中的四种都已出现：席是床榻之始；俎（zǔ）、几是桌案之始；禁是箱柜之始；扆（yǐ）是屏风之始。这些器物在当时都是礼器，用于祭祀，也用于贵族的聚宴活动，其中扆是天子所专用。

春秋战国时代礼崩乐坏，这些礼器开始走下神坛，进入了人们的日常生活之中，为了适应人们的需求，变得越来越实用。秦汉时期，床榻是活动的中心，人们习惯于席地跪坐，所以床榻和几案都很低。魏晋南北朝以后，随着胡床的流行，垂足而坐又渐渐成为主流，出现了高坐具的椅子，于是几案和床榻也渐趋增高，并在晚唐五代时期完成了由低到高的转换。在这一转换过程中，与床榻、几案关系密切的屏风深受影响。汉魏时期，日常生活中使用的屏风相对比较矮小，主要与床榻配合使用；唐宋以后的屏风变得高大起来，开始用于分隔室内的空间，甚至摆放在大门入口处来遮挡视线。箱柜原本小巧，为了与高型家具相配，柜由卧变立，并不断生长，成为家具中的翘楚。

　　家具是人类创造的物质文化中的一种，与人类的文明史相伴而生。在漫长的历史发展中，它不仅能满足人们的生活所需，而且也承载了人类的精神文明，中国的古典家具也不例外。由先秦时的礼器，到唐宋时期实用性器物的定型，再到明清时期成体系的繁荣，中国的古典家具经历了由礼仪文化到世俗文化的转变，体现在家具的制作上可谓集务实与审美于一体，不但选料讲究、工艺精湛，而且通过各种装饰手法将传统雅文化与民俗文化融合进去。比如用于待客的榻讲究大气，突出主人的好客热情；用于睡卧的床讲究私密，与古代讳言性事的传统相符；用于装点美化空间的屏风讲究精美，适合文人士子附庸风雅的喜好；用于公共场合的椅凳，其形制、大小和摆放特别讲究，坐在上面，身份等级立刻明辨。尽管这五种家具在呈现传统文化方面各有所重，但总的文化精神则是相同的，那就是含蓄、典雅和规矩。

明清是古典家具的繁盛时期，家具的制作有三大突出的成就。其一是榫卯结构的发展与完善。榫卯结构是中国工匠杰出的发明创造，而高级硬木的使用，则使榫卯技术达到了登峰造极的程度。这些榫卯阴阳相交，咬合紧密，不仅工艺精湛、形制美观，而且使家具更为结实耐用，不易腐朽。其二是设计的实用与审美完美结合。古典家具的设计非常讲究比例，局部与整体、装饰与部件不但极为匀称协调，而且与功能的要求极其相符。在部件的连接处和跨度之间，则巧妙地运用侧腿、撑子、攒边、镶板、替木牙子等上百种榫卯的连接，既有装饰效果，又可增强牢固性，实现了功能与形式的完美统一。其三是装饰手法的繁复多样，髹（xiū）漆、镶嵌、描金、雕刻、填彩、戗（qiàng）金、镂雕广泛应用，工艺之精之美可谓空前而绝后，使得明清家具兼具实用与观赏的双重价值，由实用器物上升为艺术品。不论采用何种装饰手法，工匠们都能把传统文化中具有象征意义的纹饰图样突显出来，展现了传统社会的人们对幸福美满生活的渴望与追求。

# 第一章　几案篇

　　到江浙一带旅游，大家都喜欢去苏州园林看看。吸引人们目光的除了那些小桥流水、假山奇石和掩映在花木扶疏之中的楼台亭阁、曲折回廊外，还有或典雅秀丽、或古朴厚重、或富贵华丽的各式家具。其中，有种叫几案的家具分外引人注目，它们或居书房、或居厅堂、或居卧室、或居庭院，造型各异、功能不一，但无论摆在哪里都恰到好处，缺之则少了份端庄优雅。徘徊在这古香古色的园林里，眼光掠过那些精美的几案，以及点缀在几案上的书砚笔墨和花木盆景，游人的思绪便会穿越到了遥远的过去：捧一卷书，凭窗伏几；点一炷香，据案抚琴，仿佛如此便有了江南才子的翩翩风度。为什么这些造型各异、功能不同的家具都称作几案？它们从何而来，又是如何发展的？让我们穿越时光隧道，一起去追寻遥远的过去。

# 一、礼器之俎——几案的起源

桌子在古代称为几案，有不同的形状。形状不同则用途不同，有的用于吃饭，有的用于读书写字，有的用于摆放装饰物件，如花瓶、古董之类。不过在上古时期，我们的祖先是没有桌椅板凳的，当然也没有几案，人们都是席地而坐、坐地而食，身下铺席子，这种席子称作筵。坐通常有以下几种方式：跪坐，双膝并拢着地，上身直立，这也称长跪。当宾主都坐地后，便将臀部置于双足上，这便是跽坐。这是在正式公开的场合采取的标准的符合礼制的坐姿。箕坐，臀部着地伸腿而坐；踞坐是屈膝坐，也有称蹲踞，为虚坐，股不着地，屈膝下蹲。后两种不能施于公开场合。因为跽坐并不舒服，所以聚宴的时候会给年长者设几，让他们倚靠休息一下。这种习惯由来已久，"古者坐必设几，所以依凭之具。然非尊者不之设，所以示优宠也，其来古矣。"另据《曲礼》记载，上古时士大夫退休年龄是七十岁，如果天子和诸侯不想让他退，就必须"赐之几杖"。如果年轻人向老年人请教，也必须"操几杖以从之"，目的都是让其依靠休息，以免坐得太累。《诗经·行苇》有"或肆之筵，或授之几"的记载，可见聚宴时有人只有筵，有人有筵又有几。除了聚宴授几外，祭祖时也要授几，《礼记·檀弓》曰："有司以几筵舍奠于墓左。"其目的就是孔颖达所解释的"依神也"。

先秦的几与后世的案比较相像，许慎《说文解字》解释说："几，踞几也。象形。"《器物丛谈》说几是案属类的器物，长五尺，高一尺二寸，宽一尺，两端红，中央黑。因为用作倚靠，所以几又称凭几。从出土实物看，战国时漆木凭几很流行，形制是两端板足式。比如包山楚墓出土一个长80厘米、宽10厘米多、高30～40厘米的漆木凭几，几面两边弧曲内凹外凸，略呈曲木抱腰之势，制作非常精美。

汉代以后出现了床和榻，人们有时便坐于床榻之上，几也随之移于床上。为放置东西方便，几的宽度增加，同时还能凭倚，可谓一器兼两用，但是仍然很矮小。汉代的几形制不一，有四足几、六足几，也有三足几；有木几，也有漆几；有长方形几（多数如此），但也有椭圆形几。比如新疆尉犁县汉晋墓地便出土了一种椭圆木几。安徽马鞍山三国朱然墓曾出土一木胎漆凭几，扁平状，圆弧形几面，下有3个蹄形足，弦长69.5厘米，宽12.9厘米，高26厘米。因为社会等级不同,凭几的使用有一定的礼制限制,据《西京杂记》记载,皇帝的几是用玉制成的,很可能是汉白玉,这在汉代是皇家专用的。因为玉凉,所以冬天要给玉几包上一种叫绨(tí)的厚丝帛,既漂亮又暖和,这叫"绨几"。公爵侯爵地位虽然也很尊贵,但也只能用竹木做几了,冬天就用细毛毡包上。

上古时期没有案,但有一种叫俎的器物与后世的案的作用很相似。俎是切肉、盛肉的案子,有足,是一种礼器,主要用于祭祀,经常和鼎、簋(guǐ)等礼器配套使用,古书中常见"三牲之俎,八簋之实"和"五俎四簋"的记载。宴会时也会当作食器来使用,

商代石俎

摆放无汤汁的食物，包括肉类、谷类和蔬果类。青铜俎在商周时代很多，常见的有兽面纹俎、蝉龙纹俎等。这种俎最初是四足支撑俎面，后来演变为多种足形。青铜俎是贵族礼器，民间所用大多是石俎，可能也有木俎，如河南安阳曾出土过商代石俎，木质因不易保留，故而未能发现实物。这种俎是几字形结构，其形制和作用与后世的桌案相似，所以应是桌案的先驱。

春秋战国时期，礼崩乐坏，俎作为礼器的功能渐渐淡化，其作为食器和厨房用具的作用则得到了强化。在厨房使用的称为俎案，作为食器使用的则称作食案，在祭祀活动中使用的仍然叫俎，形制并没有多大的差别。战国时的食案与几差别不大，因为要在上面放置东西，供人坐地而食，故而比几宽些，又比几矮些。春秋战国和两汉时代的案大多是木制漆器，上面绘有彩色的图案。这时期的案大约有两种，一种是聚食时所用的大型的长方形的案，下有四足，战国曾侯乙墓出土的浮雕兽面纹漆木案可为代表。此案长137.5厘米，宽52.5厘米，高45厘米左右，案面浮雕兽面纹，案腿为鸟形，案身黑漆为地，朱绘花纹，看起来非常华贵。另外，1956年河南信阳长台关战国楚墓还出土过一个金银彩绘大漆木案，尺寸更大，案长150厘米，宽72厘米，高40厘米，板厚2.5～3.5厘米。

案面髹朱漆地，由绿、金、黑三色绘有 36 个圆涡纹，排列成四行，每行九个。案的边沿髹深黑漆地，绘金、黄、红、绿四色交织的云纹图，四隅还嵌有铜角。此案虽不及曾侯乙墓的浮雕兽面纹漆木案华丽，却也很有"土豪"气派。

战国浮雕兽面纹漆木案

除木案外，战国时还有铜案及木质与金属合成的案，最著名的就是铜错金银四龙四凤方案。这个案高 36.2 厘米，长、宽各 47.5 厘米，是个方形案。"错"是金银镶嵌的一种工艺，在战国时期属于高科技。器足以四只伏卧的梅花鹿承托，上有四龙四凤盘绕成半球体形，龙顶一组斗拱上托方案。四鹿神态温驯，四

龙神态雄健，四凤展翅作欲飞状。这件方案的案面原
为漆木板，已腐朽不存，仅存铜案座，案的周身饰错
金银花纹，铸造、焊、铆、镶、错等工艺都非常精致。

战国错金银龙凤鹿纠结座铜方案

　　汉朝的案逐渐加宽，仍以放置东西为主，除了俎
案仍然为长方形便于操作之外，又发展出书案、食案，
有方案、圆案、叠案等多种形状。书案用于书写、办公，
体积较大；食案用于饮食，体积较小，案的四边有凸
起的沿，俗称"拦水线"，可防止食物外落。有些案
的形制很像后世的桌子。汉案分工趋于细化，有一种

东汉的案

粗木大案，足较高，形制简单，主要用于厨房操作。食案有两种，有一种小案平而扁，形似盘，它的作用相当于后世的托盘，孟光对梁鸿"举案齐眉"用的就是这种小案。此外还有长方形四足食案，四边有拦水线，通体饰黑漆，足为马蹄状。四足式或多足曲栅横跗式案兼具多种功能，可以用于写字、祭祀、做饭、放置器物等。曲栅横跗案可能在东汉晚期到三国以后才出现，也可能晚至南北朝时期，一般有四五根足，这种案看着比四足案美观，便渐渐取代四足案在上层社会流行开来。隋唐时期随着高坐具的出现，曲栅横跗式足又演变为高栅横跗式足。

# 二、几案的分合与定型——几案的发展

魏晋南北朝时期，几案发生了分离，从几的倚靠作用发展出三足几。这种几从形制到用法与汉几完全不同。汉代的几主要是长方形的，多为四足，要放在身前作倚靠之用。三足几是半圆形的，要放在身后倚靠，其足通常为蹄形足，倚靠的部分颇似后世圈椅的上部半圈状，几面较窄，几面后部上脑处凸起一定的高度。这种三足几在南北朝时最为流行，主要在床榻上和带篷牛车上使用，称作三足曲木抱腰凭几。这种几虽然继承了长方形几的倚靠作用，但形制和用法与汉几已经分道扬镳，完全是两种不同的器物。而长方形的汉几在后世的发展中便与案合流了，这也是后世将案又称作几案的原因。

三足凭几的使用一直延续到唐代，它与胡床、月牙凳一起构成了椅子的要素。当带靠背的椅子出现后，凭几便渐渐退出了人们的视线。不过，在椅子并不是很普及的唐宋时代，凭几作为一种倚靠的家具仍然为妇女们

北宋李公麟《维摩演教图》

六朝凭几

使用，宋代时便很少见得到，明清时则完全绝迹。

魏晋南北朝时期，几案广泛地应用于书写和办公活动。北魏时一个叫李彪的人来到京城，为求仕进，主动与重臣李冲结交。李冲看中他的才能，经常在皇帝面前举荐他。后来，李彪做了大官便忘恩负义，反在皇帝面前说李冲的坏话。李冲大怒，"瞋目大呼，投折几案，詈（lì）辱肆口"。出身于琅琊王氏的王逡之从小就喜爱琴棋书画，但不修边幅，衣服也不洗，几案上的尘墨从来不擦。《颜世家训》还记载一个叫刘孝绰的名人，自恃才高，谁都不服，唯服谢咏，经常将他的诗文"置几案，动辄讽吟，味其文"。因为几案使用太普遍了，所以几案便成了擅长处理公务和写公文的代名词。北齐年间，宰相杨愔（yīn）担任主考官，考核官员政绩，经过一番考察，他宣布道："后生清俊，莫过卢思道；文章成就，莫过樊孝谦；几案断割，莫过崔成之。"南北朝时某某人有几案之才的记载相当多，如羊深"学涉经史，兼长几案"，邢昕"既有才藻，兼长几案"，元荣"学尚有文才，长于几案"等等。

因为魏晋南北朝时期垂足而坐的胡床使用非常普遍，等到了隋唐时代，越来越多的人开始改变坐姿，垂足而坐渐渐流行，高坐具——椅凳的使用也越来越多见。这个时候，床已经不再是人们活动的中心，送往迎来、接待宾客也很少使用床，所以几案也就移到了地上，这一变化反过来又促进了垂足而坐的普及。

不过作为一件发展变化的新事物，由低到高的转变也是逐渐且交叉进行的。初唐时期百官宴会时，高官坐堂上，前为高几案；低级官吏席地坐堂下，前有食案，是为低几案。不过随着床榻的普及，特别是高坐具的出现，几案也发生了变化。一种变化是将几案挪到床榻上，另一种是加高几案的腿，放在床榻或椅子、凳子前面。最早是官府先有这种高足几案，高度可以藏人。《太平广记》记载王璈判案时，就"先令一人伏案褥下听之"。褥是铺在案上的围帐，垂下来可将案腿遮住。因为高座具的椅子、凳子在唐代使用颇多，日常家用的几案也随之增高。等到了晚唐时期，高桌案就出现了。根据《韩熙载夜宴图》等绘画资料显示，

五代顾闳中《韩熙载夜宴图》

长桌、方桌、长凳、腰圆凳、扶手椅、靠背椅、圆椅
都出现了，在一些大型宴会中还出现了供数人并坐的
长桌和长凳。这些桌案的足式都是直足横跗式。显然
晚唐五代时期，高桌案的足已经完成了由曲栅横跗式
到直足横跗式的转变。

　　壶门案是唐代桌案中的高级家具，多为上层社会
人士使用。壶门案可大可小，大的壶门案往往非常豪
华。唐代《宫乐图》里所画的壶门案，可供 12 人团
团围坐。案制作得非常精美，四角都有金属包住，还
饰有金色的花纹。案面四周的重边高出桌面，涂深绿

唐代《宫乐图》

色漆为装饰，上有白描花纹。山头有三个壶门，两侧为四个壶门。壶门是一种装饰，多在建筑和家具制作中使用，其灵感来源于佛教的须弥座佛坛。须弥座由上下两个部分组成，上下皆为方形，称作"叠涩"，中间收缩，称为"束腰"。早期的造型比较简单，很少有装饰。但是随着佛教的传播，须弥座在寺庙建筑中频繁使用，样式也就不断丰富，中间束腰部分的装饰图案也不断变化，壶门便是其中之一。魏晋南北朝以来，佛教不断中国化，对中国本土文化产生了重要影响，壶门作为一种装饰也出现在家具的制作和使用中，由魏晋时期一直延续到明清时期。因为壶门案造型漂亮，所以上层贵族经常将其制成大型豪华案。

　　垂足而坐在宋代已经很普遍，所以适合于席地而坐的几、案明显减少，高足的几、案开始增多。在河南禹县白沙宋墓中就发现有中间放置高桌、两旁各有一把椅子的壁画。河北巨鹿还出土过长方桌，形制与近代的桌子差距不大。宋时的桌子种类很多，造型古朴，腿和横枨都很粗，桌脚有方形、圆形，也有马蹄形。马蹄形桌脚的出现意味着宋代家具的造型已经普遍采用侧足收分的做法，即家具的四足上端向内收敛、下端向外张开，有点类似马蹄的样子。这一工艺是在吸取了中国古典建筑艺术——柱基的基础上出现的，取其"四平八稳"之意，本意为家具更加稳定。不过这一小小的变化虽然看似简单，但对后世家具的制作影响甚大，标志着宋代家具已开始进入科学发展的阶段。后世制桌案等家具时，原被忽视的四足也成为设计的重点，直至当代，家具若讲高端华美，其四足都必须具备收分扩张的特点。"四平八稳"的比例和简练流畅的线条相结合，展现出平衡与和谐之美，与宋代富庶而祥和的社会文化相映生辉。

宋代的桌子从高度上，讲不仅有高桌，也有矮桌；从形状上讲，有方桌、圆桌、月牙桌、条桌等；从用途上讲，有炕桌、酒桌、画桌、书桌、供桌、棋桌、琴桌等。其中炕几、香几、茶几、花几和琴几等尺寸都比较矮小，主要是置于炕上和床榻上使用的，形制差别不大，功能接近，既可放置日用杂物和食器，也可凭依。用于餐饮的一般称桌，以高桌居多，宋画《清明上河图》所画店铺中的桌子既有方桌也有长桌，但均为高桌。用于书写办公的通常称案。案与桌没有明显的区别，若强调区别的话，则是桌的足多在四角安装，而案的足多缩进安装。官衙办公的桌子就习惯称案，宋人林特（约951~1023）字士奇，身体素羸弱，但精敏善吏职，因而深得宋真宗宠幸。其"天性邪险，善附会"，与朝官丁谓、王钦若、陈彭年、刘承珪等被称为"五鬼"。史载其"喜吏职，据案终日不倦"。

　　宋代最奇特的桌子是"燕几"，记载在南宋人黄长睿写的《〈燕几图〉序》里面。这个"燕几"实际上就是现在人们说的组合家具——一种拼合式餐桌。其中有长桌两张、中桌两张、短桌三张，将这七张桌子随意组合，可以拼出多种形状的桌子。这个桌子是黄长睿总结了大小宴席桌的种种摆法而绘制出来的。最早的时候只有六种桌子，叫作"骰子桌"，后来有人建议再增加一桌，于是就有了"七星桌"之称。

北宋赵佶《听琴图》

经不同的组合，这七张桌面可形成"屏山""函三""回文""矩"和"悬帘"等图形，可满足不同人数的就座需求。黄长睿对自己的发明很是得意，说道："以之展经史、陈古玩，无施而不宜，宁不愈于世俗之泥于小大一偏之用者乎？"

宋代家具开始大量运用线、脚进行装饰，纹饰主要是由商周青铜器和陶瓷器上的云雷纹演化而来的回形纹。作为一种艺术创作，云雷纹出现在新石器时代晚期，很可能是从祖先临摹江河的漩涡纹发展而来的。在商代、西周和春秋战国时期，云雷纹常作为青铜器上烘托主题纹饰的地纹出现，有时也会单独出现在器物颈部或足部，起到衬托作用。到了商代晚期，云雷纹已经比较少见，但它仍然是商代白陶器和商周印纹硬陶、原始青瓷的主要纹饰。战国秦汉以后，随着青铜文化的衰落，陶瓷器上的云雷纹也渐渐消失了。云雷纹在宋代回归并成为家具的装饰纹，应该与宋代金石学的流行有密切的关系。与后世相比，宋代家具的形制和装饰都很简朴，尤其是几案类的家具，就连皇帝的宫室也不例外。据宋代蔡京的《太清楼侍宴记》记载，政和二年（1112）三月，宋徽宗开后苑宴太清楼，召大臣入见，众人"至宣和殿，止三楹，几案台榻漆以黑，下宇纯朱，上栋纯绿，饰缘无文采"。

　　明清时代是中国传统家具的顶峰时期，而以"明式家具"为最，享有世界家具典范之作的美誉。箱柜、桌椅、床榻、屏风等家具，无论是制作工艺，还是雕刻纹饰；无论是形制设计，还是涂漆描绘，都达到中国古典家具的最高峰——审美与设计、艺术与实用呈现出完美的结合。家具的发达得益于明代经济的繁荣和城市的发展。在明代，城市园林和住宅建设很兴旺，经济基础雄厚的贵族、富商们热衷于大兴土木，或改建扩建住宅，或因经商需求而异地购置住宅。无论是改建还是新落成的府第，都需要大量的家具来装点门面，这巨大的市场刺激了家具的生产。经济的发达也促使了文化的繁荣，明代有钱又有闲的文人很多，不少文学家、戏曲家、画家、收藏家、鉴赏家等都与匠人高手联袂设计制作，推动了家具品种和形制的发展。比如明末文学家、画家文震亨就认为文人雅士们使用的家具式样要讲究高雅，避免俗恶；明末清初文学家、戏曲家李渔和清代文学家沈复也从文人的眼光、审美心态和生活情趣等方面强调家具要突出"典雅""古朴""简洁"的艺术风格。

　　明代几案的结构设计体现了科学和艺术的结合，制作非常讲究比例，局部与局部之间、装饰与整体形态不但极为匀称而协调，且与功能的要求极其相符，没有一点多余的地方，在人的视觉中就是线与面的完美组合。比如桌几的上部和下部，案面与腿足、腿足与横枨之间，高低、粗细、长短、宽窄，都匀称、协调得无可挑剔。各个部件的线条挺拔秀丽，刚柔相济，即简练、质朴，又典雅、大方。在部件的连接处和跨度之间，采用传统的榫卯结构，镶以牙板、牙条、霸王枨、罗锅枨、卡子花等等，既有装饰效果，又可增强牢固性。装饰的手法和材料也多种多样，手法有雕、镂、嵌、描，材料有珐琅、螺钿、竹、牙、玉、石等，应有尽有，但决不贪多，也不刻意雕琢，而是根据整体要求，在局部作恰如其分的装饰。比如桌案的面以木纹本色为主，不做过多雕饰，仅在局部施以矮老或卡子花等，在腿足上做线条装饰，既锦上添花，亦不失简洁与清雅。

明代家具的造型非常简洁明快，不但品种、式样极为丰富，而且形成了成套家具的概念。家具摆放时往往采取搭配式和对称式，比如卧室通常有床、箱、柜与桌几，书房有案、几、椅、榻和置物架，厅堂有桌、椅、几。桌椅几通常是对称搭配，不是一桌两椅一组，便是一桌四凳一组。在传统五大类家具中，桌案与几是品种最多的一类，也是最为重要的一类，这不仅仅是因为它的功能最多，使用范围最广，而且因为它是物质文化与精神文化的综合性载体，是精神文化的创作者和传承者——文人士子必不可少的器物之一，一如笔墨纸砚，几案所折射出来的文化内涵也是传统文化的精华。所以桌案几，尤其是书案，更是人类文明史上的一笔浓墨重彩，给人类平凡而单调的日常生活抹上了亮丽的光晕。郑和下西洋带回的大量黄花梨、紫檀等高档木料的使用，则使明代家具变得更加高端大气上档次。在这种社会文化背景中，明清时的几案制作也进入了巅峰的时代——种类齐全、功能多样、制作精美、形式多变。

# 三、几案的种类——审美与实用的完美结合

因为明代家具有束腰形和不束腰形之分，所以桌几案的形状大体也有这两种，但从用途上讲，种类就多极了。比如海瑞在浙江淳安做知县期间曾让地方置办桌子，当时便有案桌、官桌、漆桌、考试桌、长桌、公座桌、大桌、小桌、大长桌等名称。因为用途有所不同，其形制和大小也有很大的不同，但除了用于炕上和榻上的桌几案之外，其他都属于高型桌几案。大致说来主要有炕桌（包括炕几、炕案）、香几、酒桌、朱桌、方桌、条桌（包括条几、条案）、宽桌案（指书桌、画案），另外还有月牙桌、扇面桌、棋桌、琴桌、抽屉桌、供桌、供案等等，使用最普遍的有以下几种。

## 1. 高桌类的方桌、长桌

四边长度大致相等的桌子都称作方桌，民间常说

的八仙桌便是其中的代表。称其为八仙桌乃因此桌可供八人围坐，人数与传说中的八仙相符，故名。八仙桌有束腰和不束腰两种形式，束腰的优雅清秀，不束腰的简洁大方，配上脚线和各种纹饰，各有各的美妙。最奇特的是一种一腿三牙式的方桌。所谓一腿三牙是指一条腿的上部固定了三个牙头，共同支撑着桌面，桌面的边框用较宽的材料制作，以突出桌腿的向内收缩，有的牙下又安有罗锅枨，所以又叫"一腿三牙罗锅枨"，但罗锅枨不是必选项。同为一腿三牙罗锅枨方桌，装饰有繁简之别。故宫博物院所藏明代黄花梨一腿三牙罗锅枨方桌是其中的精品。此桌桌面长宽为90×90厘米，高为86厘米，细节上十分讲究，腿足、罗锅枨的设计非常新颖，枨子上安有云纹卡子花，牙头还雕刻有卷草纹，繁简得当，恰到好处，稳重之余流露出一股清丽，颇耐人观赏。

棋牌桌是方桌中的一种，是专为打牌而设计的。此桌多为双层面，个别还有做成三层的。三层桌在套面之下，正中做一方形的槽斗，四围装有抽屉，用于存放棋具、纸牌等，方槽上的盖是活动的，两面分别画有围棋和象棋的棋盘。相对的两边靠左侧桌边还挖有一个直径和纵深都是10厘米的圆洞，用于存贮围棋子，上有小盖，不下棋的时候则将上层套面盖好，

明代万历长桌

可打牌，可做别的游戏，也可用作书桌，一桌多用。

长桌也叫长方桌，长度通常不能超过宽度的两倍，若是超过宽度的两倍以上就不能叫长方桌了，而只能称为条桌。长桌和条桌都有束腰和无束腰两种形制。条案也称条几，是长桌中的一种，流行于明朝时期，主要用于摆放装饰品，庭院、室内皆可放置，但没有束腰，分平头和翘头两种。平头案有宽有窄，如果长度不超过宽度的两倍，就称为"油桌"，其形体不会太大，它实际上就是一种桌子，只不过被打制成了案形。用于写字或作画的都是平头案，但是相对较大，有的甚至超过两米，这个称作画

明代夹头榫酒桌

案。而长度超过宽度两倍以上的平头案就叫条案了。翘头案的中间长长一段是平的，但两头却是翘起来的。与平头案不同的是，翘头案的长度一般都要超过宽度的两倍以上，超过四五倍以上的也不少，所以翘头案都称条案。明代翘头案多用铁力木和花梨木制成，在故宫博物院的藏品中，这种翘头案很多。

明代后期，家具制作中出现了一种架几案，这是条案中的一种。架几案规制很大，一般仕宦之家不太使用，主要用于皇宫、王府和园林别墅等大型建筑。架几案一般设于正厅两侧，每侧各一组，每组都是由三件组成，其形制是下端两个方几，上端横架一个长条形面板，其实就是两方几与一条案的组合。因为大，所以用以陈放大件的摆设，如青铜器、山石盆景和大型景泰蓝花瓶之类。如果大厅的开间较深，那么案面

清代槐木架几案

就会加长，通常会在面板正中的位置再加一个方几，使其看起来更协调匀称，在较大的空间里放上几座架几案，其上再摆放几件厚重的青铜器，壮观的山石盆景，或制工精良的景泰蓝，不但一扫空旷带来的沉重和寂寞感，也彰显了家主人的富有、庄重和典雅。

## 2. 矮桌类的炕桌、炕几和炕案

炕桌、炕几和炕案等矮形家具，用于炕上和床榻上，主要流行于北方。炕桌的制作模仿大型桌案，一般呈宽大的矮方形，多是作饭桌使用。但其造型却比大型桌变化多端，比如鼓腿膨牙炕桌、三弯腿炕桌等

明代黄花梨束腰鼓腿膨牙炕桌

的制作技巧就是高桌案所没有的。炕几为板式结构，制作比较精致，有束腰曲腿式炕几和无束腰直足式炕几两种，几面比炕桌窄，也比较低矮，适合盘腿打坐时使用，北方深宅大院室内大木床和炕上多有设置。炕案的形制与大型条案相同，但日常使用则与炕几的作用完全一致。炕案较炕几更为长大，其与炕桌的区别主要在于腿足与面板两端是平齐还是缩进，上面一般不放饮食器具，而常置书卷或作办公用。在这三种家具中，炕几的形式最能体现明清家具的特色。它可以模仿大型桌案的做法，也可以采用几凳、屉柜的设计技巧，装饰上不拘一格，形式更为多样。大多数的明式炕几造型简洁，不过多讲究装饰，实用又坚固。

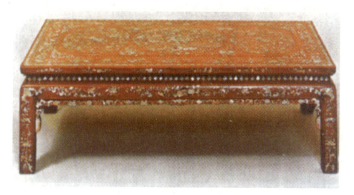

清代炕桌

在明清皇宫和王府厅堂中，都要使用这一种家具。炕案设在临窗处，长度与建筑物的开间相同，炕的正中设炕桌，两侧放坐褥或隐枕，左右靠墙处又各摆一个炕几或炕案，上面陈设香炉、花瓶、盆景等做装点。

## 3. 高腿几的香几、茶几、花几

香几、茶几、花几等虽然名曰几，却与几案形制很不相同。香几出现在唐以后，茶几与花几在五代以后才出现。这三类几的形制比较接近，都是典雅修长，以轻巧见长，与炕几相比属于"高腿几"范围。这些几并非日常生活所必需的家具，虽然从宋、元时期就开始流行，但属于上层社会的奢侈品，至明清时期更为上层社会所喜爱，用它们来装点门面、表现高雅。正因为如此，香几、茶几、花几在用料上十分讲究，上好的几皆取名贵木材制作。造型上追求高雅舒展，腿部的设计特别精巧，装饰的手法多样，除了烫蜡、髹漆和雕刻以外，还有雕填、戗金和包贴等。尤其是运用了镶嵌艺术，根据不同的材质在几面上镶嵌大理石、歧阳石、美玉和玛瑙、五彩瓷面或楠木等。形状有多角形、方形、梅花形、如意形和圆形等，即醒目又漂亮。

香几是用来放置焚香炉的家具，大多成组成双使用，可置于房间，也可置于庭院，通常居中而放，供人四面观赏。其形大多为圆形，个较高，以束腰为多，腿足弯曲较夸张，最常见的是三弯脚，足下有"托泥"。焚香本是中国古人祭祀活

明代黄花梨高束腰六足香几

动的内容之一，唐宋之际的焚香已经演变成人们日常生活的内容，贵族阶层的日常生活离不开香，附庸风雅时要"焚香操琴"，祭祖祭神前要"焚香沐浴"，修行打坐时要"明窗净几，焚香其中"；小姐太太的闺房也要焚香，所以又称香闺。不过很多情况下，香几也可挪做他用，比如放在客厅转角醒目处，上置花瓶插以鲜花；或放于书房桌案旁，上置花瓶插几个卷轴，也不失点缀风雅的好方式。

与香几、花几相比，茶几比较矮小，为了方便放

置物品，有的还做成两层式。茶几以方形或长方形居多，高度与扶手椅的扶手相当。不过在整个明代，茶几并不十分流行，茶几的功能主要由香几替代。到了清代，茶几才从香几中分离出来，演变为独立的品种。茶几是迎合待客需求而产生的，所以茶几往往放在一对扶手椅之间。通常情况下，客厅坐北朝南居中摆放八仙桌和一对太师椅，厅堂两侧各有一套扶手椅和茶几。因为茶几与椅子配套使用，从形式、装饰、几面镶嵌到材料和色彩等，多随着椅子的风格而定，往往是成套的。

花几又称花架或者花台，一般陈设在厅堂、书斋或寝室的各个角落，但又是比较起眼的地方。有的陈放在正房条案的两侧，上面摆放花瓶、盆花和盆景，或其他工艺品，显得高洁、典雅，给人以超凡脱俗之感。因为花几一般都较桌案要高，所以俗称高花几。其形制有方、圆、六角、八角等形状，工艺都比较精致，上面陈列盆景或花瓶及其他古董，放置在室内颇有雅趣。不过，这种细高造型的花几在明代还是比较少见的，大约清中期以后才流行开来。传世花几中有一些超高花几，通常在100厘米以上，有的甚至高达170厘米至180厘米，绝大多数用酸枝木制成，流行于清晚期至民国时期。

## 4. 其他桌几

矮几是一种摆放在书案或条案之上用以陈设文玩器物的小几，要求越矮越好。最常见的案头小几以一板为面，长宽高分别为 66、36、99 厘米。讲究的小几嵌着金银箔片，雕有花鸟树石，几面两端横设两条小档，上涂金泥。因为很小，所以不设腿，用四支牙子支撑。上置一些小摆设雅玩，非常雅致奇妙。

蝶几又名"七巧桌"，亦称"奇巧桌"，是明代一个叫戈汕的人，根据"勾股"之形，将宋代黄伯思（字长睿）的"燕几"加以变通设计出来的。因其可以拼出形如蝶翅的图案，故有此称。蝶几有大小三角形及梯形桌子共十张，后来又增加到十三张，分开来可以拼出很多花样，合起来就可以拼成一张大方桌。

琴桌是专门用来抚琴的桌案，低矮且狭小，通常以玛瑙石、南阳石等为面，也有采用厚木板做面的，还有以空心、两端透孔的郭公砖做桌面的，有的琴桌下还制有音箱。桌身通体涂红漆，描有龙纹图案，既华丽又实用。不过，在大多数情况下，琴桌仅作陈设之用，是主人清雅的一种象征，多依墙而设，式样较多，比较讲究。

月牙桌就是半圆桌，造型工艺与圆桌相似，圆桌

清代月牙桌

有什么造型，它就有什么造型。平时可分开对称摆放，在寝室和较小的开间靠墙或临窗摆放，上置花瓶、古董等物，或烧香供神，另一半可用来作饭桌。必要的时候，两个拼合起来就是一张圆桌，大家围坐在一起。明代的月牙桌一般不作装饰，有一种天然之美。清代的月牙桌做工精美，布满雕饰，华丽而繁缛。

明代使用较多的还有供桌和天然几。供桌其实就是长方形的桌子，因其置于厅堂，逢年过节祭祀祖先时设香炉、蜡竿和摆放供品于其上，故名供桌。天然

几就是翘头案，长 250 厘米左右，宽 40 厘米左右，
两端飞角起翘，高过桌面五六寸，下面两足作片状，
雕刻有如意、雷纹、涡纹等纹饰，体质丰厚，气势大度，
也陈设在厅堂，与八仙桌和一对太师椅构成一组家具。

# 四、从礼器到物用——几案的文化演变

明清时期的桌几案都是从先秦的俎发展而来的。在先秦，俎是作为礼器出现的，在很多仪式中，比如祭天祭地大典、宗庙祭祀、诸侯朝聘、朝会宴飨（xiǎng）、婚丧嫁娶等，俎、鼎和簋等青铜器是必不可少的礼器。《礼记》记载道："大夫之祭，鼎俎既陈，笾（biān）豆既设。"《周礼》也讲道："凡小丧纪，陈其鼎俎而实之。"周天子的官员中有量人之职，他管的事情很多，国家的行政区划，修建城郭，营造后宫，集市街道，巷尾门渠等等，都归他管。而举凡祭祀飨宾、婚丧嫁娶等仪式，则由量人制定献祭的品种和数量，以及使用的礼器。俎和其他礼器一样，在这些祭祀和聚宴活动中起到了序尊卑的作用。比如诸侯燕礼的本质是明君臣之义，诸侯与卿大夫士等行酒时要由尊到卑，表示对臣下工作的尊重，但每人前面摆的礼器是不一样的，天子九鼎，诸侯七鼎，依次递减，至士则为三鼎，"俎豆、牲体、荐羞，皆有等差，所以明贵贱也。"

在祭祀典礼中，俎要用来盛放献祭的牲，是为整牲。比如举行有司彻礼时，要有羊鼎、豕鼎和鱼鼎，另外还有二俎，其中一个为羊俎，这二俎设于羊鼎西边靠后的地方。古人祭祀的食物通常是要吃掉的，这叫"馂（jùn）馀"，以求神灵或祖先的福祐，但整只牲是不好食用的，因此要肢解分享，这叫折俎祭。而燕享之礼以吃喝为主，牲更是要吃掉的。《左传》宣公十六年记载周王设宴，"宴有折俎，公当享，卿当宴。王室之礼也"。宾礼也有折俎祭，如《仪礼·乡饮酒礼》记载："宾升自西方，乃设折俎。"唐代的贾公彦解释说："凡解牲体之法，有全烝（zhēng）其豚。解为二十体，体解即此折俎是也。"在日常生活中，俎也用来放食物，相当于食器。比如《周礼》一书记载周王室有个官职叫膳夫，就是大厨，负责周天子一家的吃喝，天子的主食是六谷——稻、黍、稷、粱、麦、苽（gū），肉食是六牲——马、牛、羊、豕、犬、鸡，喝的有六清——水、浆、醴、凉、醯（xī）、酏（yǐ）。此外还有120种美味，用八种方法烹调，连酱都有120种。周天子吃饭时，前面列有九鼎汤食，其他干的食物都放在俎上，包括肉类、蔬菜类和谷类，并且"以乐侑（yòu）食"。

　　春秋战国以后，阴阳观念兴起，礼制发生了一些变化，和阴阳学说结合到一起，聚宴和祭祀用俎有了新的规定。《礼记·郊特牲》即说道："鼎俎奇（jī）而笾豆偶，阴阳之义也。笾豆之实，水土之品也，不敢用亵味而贵多品，所以交于旦明之义也。"笾和豆是两种古代食器，分别用竹木制成，举行祭祀时用来盛放植物类食品。比如《礼记·礼运》记载天子朔日（农历每月初一）和月晦日（农历每月三十）时要举行少牢之礼，备"五俎四簋"，五俎分别为豕、鱼、腊（xī）、羊和羊的肠胃。少牢是重礼，祭牲必备羊和猪，若加

青铜俎

牛则为太牢。

礼在先秦时期除了具有政治功能，起到明尊卑贵贱等级的作用外，还有着和合人际关系的社交功能。如周王朝从天子到诸侯再到卿大夫士，一层层的等级都是由宗法制度建构起来的。天地是大家共同的天地，祖宗也是大家共同的祖宗，姬姓的大宗小宗通过各种礼乐制度紧密地聚集在周天子的周围。俎作为举行礼乐的礼器之一，也起到了凝聚人心的作用。《礼记·礼运》记载贵族举行天地鬼神祭祀和宗庙祭祀的时候，态度非常虔诚，不但要将天下各种美酒进献给神灵，还要"陈其牺牲，备其鼎俎，列其琴瑟、管磬、钟鼓，脩其祝嘏（gǔ），以降上神"。但是这样做的目的并不仅仅是使神灵们开心，而是通过对祖先神灵的追思活动，唤起大家同祖同宗的认同感，达到"以正君臣，以笃父子，以睦兄弟，以齐上下，以和夫妇"的目的。尊卑上下有等，父子兄弟和睦，夫妻各司其职，宗族就会兴旺，百姓就会安居乐业，天下就一片祥和了。在礼文化的氛围中，礼器之俎是圣物，神圣而庄严。

春秋战国以后，青铜文化衰落，木漆案几出现，俎作为礼器逐渐淡出了人们的日常生活，其用于操作、放置物品的功能得到了人们的关注，与渐渐变宽的供人依靠的凭几合流，成为以放置各种物品为主的家具，并根据需要和用途，有大小不同的形制和不同的称呼，但统称为案几。到了魏晋南北朝时期，三足凭几的出现，使得凭几与几案分开，几案正式成为放置物品的家具的名称，并被广泛使用于各种公私场合。俎案变成了几案，其性质就发生了变化，与几案有关的文化也就发生了改变。

隋唐以后，高坐具开始流行，几案也随之逐渐增高，到了晚唐五代之时，几案便完成了由低到高的变化，越来越方便人们的使用。原来的几案在床上使用，所以早期有"策定帷幄，谋成几案"的说法，现在移到了地上，就可以根据人们的需要摆到不同的地方，几案的功能也随之发展丰富。功能越多，种类也就越多，功能得到满足之余，审美的要求也得到提升，几案的制造沿着实用和审美的双重标准发展。几案与人的关系也越来越亲密，人们对几案的情感也越来越深厚，几案从圣堂下移到了世俗。

从南北朝开始，几案就进入了文人雅士的日常生活中，成为一种不可或缺的物品。几案不仅成为文采的代名词，也成为有公务之才的代名词，在"学而优则仕"的时代，几案便成为文人雅士的心爱之物，经常出现在他们的诗文歌咏之中。唐代的文人墨客开始流连山水，几案在他们的诗文中便和山水也有了关系。

李白《莹禅师房观山海图》诗云："真僧闭精宇，灭迹含达观。列嶂图云山，攒峰入霄汉。丹崖森在目，清昼疑卷幔。蓬壶来轩窗，瀛海入几案。"刘禹锡《和令狐相公春早朝回盐铁使院中作》诗云："柳动御沟清，威迟堤上行。城隅日未过，山色雨初晴。莺避传呼起，花临府署明。簿书盈几案，要自有高情。"元稹的《开元观闲居，酬吴士矩侍御三十韵》是首长诗，里面也

宋代《十八学士图》

提到几案："初日先通牖，轻飔（sī）每透帘。露盘朝滴滴，钩月夜纤纤。已得餐霞味，应嗤食蓼甜。工琴闲度昼，耽酒醉销炎。几案随宜设，诗书逐便拈。"在诗人笔下，几案不仅是才情的象征，也是亲密的伙伴，和琴、棋、书、酒一样，缺一不可。

　　在宋代文人士大夫的诗词文中，几案又被赋予了鲜活的生命，与主人的情感紧密相连。刘宰《寄题戴氏别墅》诗云："闻君筑室水云乡，一榻翛然独老庞。近挹荷香供几案，远邀山翠入轩窗。自歌自笑游鱼乐，诗去时来白鸟双。何日过门成夜泊，一樽相与对银缸。"张九成《十二月初七日述怀》云："谪居寂寞岁将阑，几案凝尘酒盏干。落落雨声檐外过，愔（yīn）愔雪意座中寒。孤飞只影人谁念，万里长途心自安。世事悠悠君莫问，雪芽初碾试尝看。"朱敦儒的《鹧鸪天》吟道："竹粉吹香杏子丹。试新纱帽绛衣宽。日长几案琴书静，地僻池塘鸥鹭闲。　　寻汗漫，听潺湲。淡然心寄水云间。无人共酌松黄酒，时有飞仙暗往还。"归隐的老者寄情山水，那供于几案上的荷花便是归隐者品性高洁的象征；贬官谪居者门前冷落，几案上多日不扫的厚尘便是其寂寞孤独心灵的映射；仕途顺畅心情爽，承放琴书的几案便和主人一样闲适而舒心。

明清时代经济发达，城市繁荣，除北京、南京两大城市外，江南的苏州、常州、松江、杭州、嘉兴、湖州等新兴城市发展也很快，商贾云集，人口众多，商品经济异常活跃，市民阶层兴起。社会结构的变化带来了社会生活的变化，明代学者王士性的《广志绎》就记载说，浙西一带非常繁华，那里的"人性纤巧，雅文物，喜饰鏊帨（pán shuì），多巨室大豪，若家童千百者，鲜衣怒马，非市井小民之利"云云。在这种情况下，江南一带富户人家大兴土木，兴建园林，将山水景观微缩置于庭院之中，营造了新的山水图景。受新的社会生活的感染，上承唐宋旷达山水情怀的文人雅士漫步园林之中，走入斑斓多彩的市民生活，细细品嚼世俗文化，努力发掘生活情趣，开始把自己的艺术创作与现实生活融为一体，而与他们一生相伴的几案则充当了联系的媒介。

在所有的家具中，李渔对几案情有独钟，一心想制作一个，苦于购置不到上好的木材，一直没有动工。他在《闲情偶寄》中写道："欲置几案，其中有三小物必不可少。一曰抽屉。"明清时代，凡用于书房之桌案基本都有抽屉，但置于他处的几案大多没有，李渔对此极不满意。他认为读书人读书并不仅限于书房，所以几案最好都要设一抽屉，可以放简牍刀锥、丹铅胶糊等，以备随时之需。另外，他还说，有抽屉还有一个好处是可以暂时藏纳废稿残牍，免得"有如落叶飞尘，随扫随有，除之不尽，颇为明窗净几之累"。

李渔对几案的苛求很是代表了几案在明清受欢迎的程度，因为在家具五大系列中，能与风雅联系到一起的只有屏风和几案，但屏风价格昂贵，且艺术性太强，有点曲高和寡，唯几案可作书案之用，文房四宝、琴棋书画都可置于几案之上，本身就是有文化的象征，说它不风雅都不可能。正因为如此，明清之人对书案趋之若鹜。明代范濂的《云间据目抄》记载隆庆、万历以来，家具业十分发达，即便奴仆差徭之家，也使用做工细致的家具，市肆之中，木器作坊极多。而纨绔豪奢之家看不上榉木，床榻几桌等全用花梨、瘿木、乌木、相思木与黄杨木制成，工艺还极其讲究，动辄花费万钱。特别可笑的是，"皂快偶得居止，即整一小憩，以木板装铺，庭蓄盆鱼杂卉，内列细桌拂尘，号称书房"，连不知诗书的衙役在拾掇自己的小居室时，也装模作样弄了个桌子，并号称书房，可见书案在明代之盛了。

书案在俗人那里是假作风雅，但在风雅人士那里就是真风雅了。明清几案常常作为一道风景和观赏性的植物、盆栽、奇石异木摆放在一起，以案几之秀衬

清代周邦彰《桂园听琴图》

后者之雅致。高濂在《遵生八笺》中写道："又如美人蕉，立以小石，佐以灵芝一颗，须用长方旧盆始称。六种花草，清标雅质，疏朗不繁，玉立亭亭，俨若隐人君子。置之几案，素艳逼人。"他说若有一个这样雅致的几案设于榻上，二人相对啜饮天池茗茶，吟本色古诗，真是人间最大的快事！南海有一种落树，附石而生，有枝无叶，从侧面看与石柏很像。这种树木质极坚硬，久经风吹日晒雨淋却不会有任何腐蚀。人们把它采下来，用火烧或炙的方法，按照它本身的形状制成松、桧、梅、柳诸树，"可供几案之玩。"泰州人陈谕德侍从清帝多年，蒙赐书籍、文具、锦绮、瓜果多不胜数，最高级的赐物是热河光木，陈谕德视作宝贝，"供之几案，光皎如月"。他还写了一首《奉敕赋夜亮木诗》感谢皇恩浩荡，惹得众臣艳羡。户部侍郎符右鲁喜爱风雅，又好洁净，"床帏之外，书签、画卷、茗碗、香炉列置左右，几案无纤尘，四时常供名花数盎（腹大口小之花盆）"。王述庵笑着对他说："入君燕寝，已如在断桥篱落间，使人不复忆西子湖矣。"

可以想象，拥有一处幽雅的园林，随其走势和风格摆上许多造型典雅的家具，桌几椅凳各有所施，夏日的傍晚斜阳夕照，一家人围坐于院内，看书的看书，抚琴的抚琴，玩耍的玩耍，那是多么惬意啊！而这种惬意要达到最佳的效果，绝对离不了那一张张的几案。

椅子是我们日常生活中使用次数最多的家具之一。无论是伏案疾书，还是休憩小坐；无论是杯盏交错，还是促膝而谈，你都不可能离开椅子。在传统社会里，有条件的家庭总会在厅堂备上几把椅子，那居中而放、气势不凡的圈椅往往被称作太师椅。倘若再配上一个八仙桌，一二几案，即便是普通的厅堂便也有了一些风雅的意思。椅子之所以这么受人垂青，除了具有供人办公写作等功能之外，还有使人休息的功能，更重要的是，它能让人休息得比较舒服，它比条凳、矮凳等更符合人的身体结构，足、臀、背三点各有支撑，并呈45度角斜上，让人的身体达到最佳的放松姿势。可是，这把椅子，你知道是怎么来的吗？

# 一、从踞坐到垂足——胡风吹来的清新

其实在很久以前，我们中国（这个中国是中原的意思）是没有这种垂足而坐的椅子的。不但没有椅子，连坐具都没有。人们吃饭、休息时都是席地而坐，为了防止衣服弄脏，地上要铺张席子，如果是宴饮的话，席子上面还要加张席子。底下的席子要长一些，叫筵，上面的短一些，叫席。《周礼·春官·序官》记载道："司几筵下士二人。"东汉的郑玄解释说："铺陈曰筵，藉之曰席。"唐朝的贾公彦怕大家不明白，又进一步解释说："设席之法，先设者皆言筵，后加者为席。"清代孙诒让连筵席

东汉蹲踞说唱俑

的大小都解释了："筵长席短，筵铺陈于下，席在上，为人所坐藉。"坐，通常有以下几种方式：踞坐，双膝并拢着地，臀部置于双足上；箕坐，臀部着地伸腿而坐；踞坐，蹲踞是虚坐，股不着地，屈膝下蹲；箕踞是屈膝而坐。正因为如此，足也称作脚。《释名》即云："脚，却也。以其坐时却在后也。"这种坐姿虽然很不舒服，但从中国的上古时期一直延续到中古时期，直到胡床的传入和使用。

　　春秋战国以后，繁文缛节都渐趋消亡，寻求比踞

汉代踞坐人俑

坐舒服的坐姿便成为一种社会需求，于是矮型坐具如床、榻、板枰等就出现了。不过，在一个节奏相当慢的社会里，务实而保守的农业文化特征与拘谨呆板的礼制相结合，不但使器物的变化显得相当的缓慢，亦使坐姿的改变难上加难。至少到东汉末年，人们的日常生活方式还是以跽坐为主，比如出土的汉代坐俑绝大多数都采取跽坐的形式。即便开始使用矮型坐具，人们也难改跽坐的习惯。《释名》就记载当时有一种日常生活所用的榻，其实就是很矮的呈长条形状的床，因其离地近，故曰榻。有一种很小的榻，只够一个人独坐，叫独坐榻，是主人的专座，因为"主人无二，独所坐也"。这类坐具虽然与铺设于地面的坐具不同，有了一定的高度，但在床和榻上的坐姿仍为跽坐。

东汉时代的人们已经开始尝试改变坐姿，这缘于胡床的传入。胡床又称"交床"，是北方游牧民族发明的，虽然名曰"床"，却与我们现在认识的床一点儿关系都没有。关于胡床的形制，宋代著作《清异录》中记载道："胡床施转关以交足，穿便绦以容坐，转缩须臾，重不数斤。"可知胡床实际上就是类似今天的马扎儿的坐具，不仅轻巧，且便于携带，这种东西也只有逐水草而居、游徙不定的游牧民族才能发明出来，农业定居的民族是断断想不到的。东汉中后期，中原与北方少数民族的交往日益广泛，中原丰富繁盛的物质文化吸引着北方少数民族的眼球，少数民族的奇风异俗也勾起了中原人的好奇心。据史书记载，汉灵帝特别喜欢胡人的东西，什么"胡服、胡帐、胡床、胡坐、胡饭、胡空侯、胡笛、胡舞"等，他都喜欢。上行下效，"京都贵族皆竞为之"，胡床竟然成为时髦的东西。长安上层社会崇尚胡风的风气，在固守礼法的儒家学者眼中看来是不祥之兆，范晔在《后汉书》中即批评道："此服妖也。"还把东汉末年董卓挟天子以令诸侯，多拥胡兵，填塞街衢，掳掠宫掖，发掘园陵的罪状归到汉灵帝好胡风的头上。

东汉末年，军阀混战，北方少数民族乘机侵入中原地区，不同民族的文化和生活方式相互碰撞、相互影响，同化与被同化。虽然中原地区席地而坐的坐姿习惯、席地家具和矮型家具仍然占据主导地位，但是在玄学思潮的影响下，跽坐等坐姿习惯受到冲击，垂足而坐的观念开始萌生。晋武帝泰始年以后，中原胡风更盛，中国相尚用胡床、貊（mò）盘，及为羌煮、貊炙。"贵人富室，必置其器，吉享嘉会，皆此为先。"胡床竟然作为奢侈品，成为高门贵族、富家大户身份地位的象征。从此以后，胡床的使用更加广泛，不论是北方还是南方，几乎所有的社会生活场合都可以看到胡床的踪迹：将军行军狩猎、指挥作战，皇帝祭祀祈祷、宫廷饮宴，仕宦家居休憩、接待宾客，士子读书讲学、舟车旅途，以及各种娱乐活动，都离不开胡床。魏文帝曾外出打猎，捕获的鹿跑了，文帝大怒，"踞胡床拔刀，悉收督吏，将斩之。"东晋王导之子王恬傲慢又怪诞，行事不拘礼法。同僚谢万来访，稍坐片刻，王恬便回到内室。谢万还以为王恬是去吩咐家人准备酒宴款待自己，谁知过了好久王恬才披散着一头湿发出来，"据胡床于庭中晒发，神气傲迈，竟无宾主之礼"，于是谢万"怅然而归"。东晋时还有一个叫桓伊的将军，能文能武，平易近人，又吹得一手好笛子。东晋名士王徽之乘舟赴京师，停泊于青溪岸边，恰逢桓伊打岸上经过，船中有人认识，便指着说："瞧，桓野王（桓伊小名）。"王徽之久闻其名，便令人喊住桓伊，说道："听说你笛子吹得很好，吹一曲让我听听。"桓伊素知徽之的狂放之名，也不以为意，便下车，拿出胡床坐下，吹了三首曲子。吹完便上车离去，主客双方竟没有寒暄一句。

南北朝时期，胡床已经在很大的范围内流传了。北方是五胡十六国，胡床的普及自不用多说，南方同样也非常流行。南齐时有一个叫刘瓛（huán）的人，儒学冠于当时，京师的高门子弟都拜他为师，学习五经。刘瓛为人谦和，从不以高名自居，每次拜访故旧，只带一个手持胡床的门生跟在他后面，若是没有和主人通上讯息，他便坐在胡床上与学生讲论学问。有些将领率军出征也携带胡床，除了休息之外，每到紧急时刻，据胡床而坐就成了稳定军心的有效法宝。梁武帝普通八年（527），梁高祖派寻阳太守韦放进攻涡阳，北魏大将费穆率众突至，当时韦放的军队尚未安营扎寨，麾下只有二百余人，韦放的甲胄被三支流矢射中，众人惊慌失色，请求突围而去，韦放厉声叱道："今日唯有死耳！"说罢脱胄下马，据胡床而坐，镇定自若地指挥作战。看到主将视死如归，众将士

北齐《校书图》

也都殊死作战，无不以一当百，反以少胜众，打得魏军大败而退。乱臣侯景也特别喜欢胡床，他走到哪里带到哪里坐到哪里，在自家的床榻上也放张胡床，但却是"著靴垂脚坐"。就是好那一口！

到唐代，胡床就更为普及了，不仅上层社会广泛使用，在民间也是常用的坐具。大历（766—779）年间，有个好道术的王员外，曾去拜见得道高人裴老，裴老的仆人"遂将一胡床来，令于中门外坐。"唐代还有个女巫叫薛二娘，经常替人降神除邪，装神弄鬼折腾一番之后，就坐到胡床上休息。胡床的普及在唐诗中表现得最明显。白居易的《咏兴五首·池上有小舟》诗云："池上有小舟，舟中有胡床。床前有新酒，独酌还独尝。"李贺的《谢秀才有妾缟练，改从于人，秀才引留之不得，后生感忆，座人制诗嘲诮，贺复继四首》云："邀人裁半袖，端坐据胡床。泪湿红轮重，栖乌上井梁。"杜甫的《树间》曰："岑寂双甘树，婆娑一院香。交柯低几杖，垂实碍衣裳。满岁如松碧，同时待菊黄。几回沾叶露，乘月坐胡床。"韦应物的《花径》曰："山花夹径幽，古甃（zhòu）生苔涩。胡床理事馀，玉琴承露湿。朝与诗人赏，夜携禅客入。自是尘外踪，无令吏趋急。"旅途、居家、庭院赏月、官府办公，都要使用胡床。在社会大范围接受垂足而坐的时代，那些与胡床配套使用的矮型家具，无论是在人们视角中，还是在空间的陈设里，都显得那么地不和谐。可以想象，矮型家具终将无法满足人们日常生活的需求，高型坐具——椅子必然要出现。

在胡床流行的时代，中原传统坐具也在发展变化着。汉代以来的矮型坐具有两种：一种是木制的榻凳，本是置于床前用于登床的器具，《释名》解释说："榻凳施于大床之前，小榻之上，所以登床也。"另一种是用藤竹或草编织的细腰坐具叫筌蹄，亦称"熏笼"，佛经里管它叫"筌提"。这本是战国

唐代李寿墓线刻捧胡床侍女

以来贵族妇女熏香取暖用的专用坐具。讲究些的筌蹄要涂上朱黑色的漆外加金银绘饰。在南北朝时期，不知为何筌蹄竟成为维摩诘居士的专用坐具。南北朝早期的筌蹄受佛教莲台影响，细腰部分呈仰莲、覆莲形状，后来演变为腰鼓形。北朝后来出现筌蹄的一种变体坐具——"藤墩"，中间粗两头细。这就是后来坐墩的前身了。

# 二、从想象到实践——椅子的出现

　　唐以前，虽然在现实社会里还没有椅子，但在人们的想象中却存在一种椅子。四川彭山的双河出土了一东汉石棺，棺上有幅画，画中有西王母，还有一龙一虎，龙虎身体相连，头部扬起，西王母正面端坐于龙虎身上，双足被长长的裙裾所遮，无法看出采取何种坐姿，但从裙裾垂直而上的形状看，很有可能是垂足而坐。虎首和龙首如同椅子的扶手，虎身和龙身构成椅子的座面，兽足便成了做支撑的椅腿。假如后面有靠背的话，龙虎的构形与宝座无异。在道教产生之前，西王母是传说中的神，半人半兽，声似虎啸，主管着人的生老病死，拥有至高无上的权力，西汉以后渐渐转化为女神，所以她能御龙虎而坐并不奇怪。不过有一个现象殊为奇怪，那就是她的画像在汉代各地多有出现，大多为盘足而坐，且坐具挨近地面，与现实中的榻接近。像双河石棺画所画的西王母形象主要集中在川渝地区。有的学者认为这可能与川渝地区特

四川彭山双河西王母画像

殊的地理特点有关：一是此地荟萃了中原农耕文化和
北方游牧文化的精华；二是此地南通缅甸、印度，接
受外来事物的机会较多，受外来文化影响较大；三是
此地雨量充沛，空气湿度大，土地比较潮湿。

　　虽然这把椅子并不是真实的存在，却给了后来者
以无限想象的空间。西晋诗人潘岳在《在怀县作》诗
中吟道："南陆迎修景，朱明送末垂；初伏启新节，
隆暑方赫曦。朝想庆云兴，夕迟白日移；挥汗辞中宇，
登城临清池。凉飙自远集，轻衿随风吹；灵圃曜华果，
通衢列高椅。"这个高椅显然不是现实中的椅子，而
是诗人的想象。

　　椅子的正式出现应该在唐朝，主要流行于上层社
会和寺院。初唐时椅子的种类很少，最早时大概只有
禅椅，唐代中后期又出现了交椅和圈椅。禅椅的最先
出现，很可能说明了这样一个事实：胡床的出现引起

了中原坐姿的变革，但椅子的正式出现却与佛教的禅床密切相关。

　　禅床是随着佛教的传入而传到中原并在寺庙中开始使用的，是僧侣修行打坐时使用的坐具，比胡床高，且比较宽大，僧侣们要在上面跏趺而坐。完成于西魏时期（约530）的莫高窟第385窟画有一个僧人禅修图，在一个仅能容纳一人的小禅洞里，一僧结跏趺坐禅。僧人身下的坐具由四条腿支撑，两侧有扶手，座面四周为框架结构，内部呈网状编织构造，有形似灯挂椅的搭脑，靠背虽然无法看清，但这个坐具已经明显具备构成椅子的基本要素。从这幅壁画来看，禅床在南北朝时期的佛教僧侣中已经有了一定的普及。然而，禅床只是僧侣修行打坐时使用的坐具，日常生活中常使用胡床。《太平广记》记载晋时一个叫支法衡的僧侣死而复苏的故事。支法衡得重病死了，灵魂来到一个寺院，看到很多和尚在念经，他的师父，早些年死去的方丈法柱据胡床而坐，一见他就往外赶："我弟子也，何以而来？"又用手巾打他的脸，推他下台阶，他一惊而醒才得以还魂。因此可以推断，禅椅实际上是僧侣们为了适应垂足而坐的坐姿，从禅床发展而来的。初唐的禅椅造型简单，极少有装饰，非常符合僧侣简朴的生活习惯。

　　唐初的禅椅形制较大，大体具备后世四出头官帽椅的造型。搭脑和扶手分别向两边、向前伸出，后腿外延至搭脑以外；座面由结绳而成，四条腿下大上小，

敦煌196窟壁画中的椅子

四腿间横设帐子以增加稳固性，且在同一水平面上。整个唐代，禅椅变化不大，晚唐时期的敦煌壁画《劳度叉斗圣变》中的两位尊者坐的禅椅与唐初的造型基本一样，只是体积明显变小，细节有一些改变。与唐前期相比，坐具形制大小比较适中，更适合于垂足的坐姿。椅子的扶手与搭脑也是出头的，椅腿下粗上细，除前面两腿外，左右后三面的椅腿之间均设帐子，这样的设计就避免了以前小腿活动不便的拘束，使腿感觉舒服一些。搭脑顶部稍高，并向两侧递减，有了弧度，与颈部和肩部的曲线相吻合，使坐姿更为舒服。此时榫卯技术尚未成熟，故整个椅子的框架以外部材料连接。

在唐代，禅椅于寺庙中使用是比较普遍的。《入唐求法巡礼行记》一书记载圆仁和尚带领遣唐使团到中国学习佛法，发现中国的寺院中有一种大椅，僧众们都"蹲踞大椅上"。这个大椅应该就是禅椅了。"蹲踞"或是跏趺而坐，或是半跏趺而坐，不知圆仁为何要写成"蹲踞"。有人认为将席地而坐的姿势运用到椅子上是一种极其奇怪的姿势，说明了椅子普及之初，席坐和高型坐具之间存在着剧烈的碰撞。可是圆仁入唐时已经是唐朝中后期了，上层社会使用椅子的现象已经很普遍，而寺院中又是最先出现禅椅的，应该不会就蹲踞和垂足过于纠结，所以圆仁看到的很可能是像水月观音那种一屈一垂半跏趺而坐的坐姿。

在禅椅的启发下，唐代的人们尝试改进已有的坐具，使其更适宜垂足而坐的姿势，于是到了中唐时期，交椅和圈椅就出现了。交椅是在综合禅床和胡床特点的基础上发明的。唐代的工匠参照禅椅的形制，给胡床加上靠背，设计制作出交椅。之所以称交椅，是因为

五代水月观音画

坐的部分是可以折叠的。最早的交椅应该是直背的交椅，唐明皇每次出行都要带的"逍遥座"就是文献中所载的最早的交椅。此时交椅的造型端庄敦厚，装饰富贵绮丽，所以是唐代上层社会人士使用的坐具，而且可能是上层男子专用的。

圈椅的形制综合了月牙凳和三足凭几的特点。月牙凳，又称腰凳，本是唐代贵妇的坐具，由来自佛国的圆墩、腰鼓凳改造而成，它的出现体现了唐代工匠在椅子制作过程中设计构思的突破性飞跃。座面呈月牙形，既不方也不圆，凳腿的壶门和勾脚略加变化，并增雕了华丽精美的花饰，体态端庄浑厚，造型别致新巧，与体态丰腴、雍容华贵的唐代贵妇形象非常和谐。三足凭几是弧形的家具，在席地而坐的筵席或者榻上使用，供人倚靠休息，圈椅的弧形设计灵感即来源于三足凭几的弧形。这个综合了月牙凳和三足凭几特点的唐代圈椅体态敦厚，装饰华美，座面呈月牙形，搭脑和扶手所形成的椅圈曲线非常流畅，俗称"月牙扶手"。

唐代的家具制作已经开始使用纹样进行装饰，当时最常见的是卷草纹。这是由佛教文化中使用非常广泛的纹样忍冬纹演变而来的，风格简练却又富贵华丽，节奏感强又极具敦厚之美，非常符合唐代丰厚富贵的审美意象，最终"符号化"，作为家具的装饰纹样而得以广泛应用。因为它主要盛行于唐代，所以又名唐草纹。唐草纹的纹饰设计多采取牡丹枝叶的特点，线条流畅翻滚，动感极强，花叶繁茂饱满，层次鲜明，造型华丽舒展、充满生机，与端庄敦厚而又大气的圈椅和交椅非常匹配。所以唐代的椅子虽然是初创，样式和做工也不甚精美，但因饰有卷草纹的缘故，便有了雍容华贵的气质，充分展现了唐代社会开放包容的精神风貌。

中晚唐以后，在上层社会的官场及社交场合，椅子的使用也较为普遍。日本和尚圆仁在他的《入唐求法巡礼行记》中多次提到椅子，比如："相公及监军并州郎中、郎官、判官等，皆椅子上吃茶。见僧等来，皆起立，作手立礼，唱：'且坐。'即俱坐椅子啜茶。"坐在椅子上吃茶是中国传统社会上层人士的做派，是高雅和有品位的表现。显然在中晚唐以后，椅子在上层社会已经成为一种有文化、有素质的象征。正因为如此，椅子也就成为一种珍贵的礼物，在社交场合中成为感情交流的一种媒介。司空曙的《送曹同椅》写道："青春三十馀，众艺尽无如。中散诗传画，将军扇续书。楚田晴下雁，江日暖游鱼。惆怅空相送，欢游自此疏。"不过高雅的文化遇上不雅的人，也只好降格为恶俗了。

《太平广记》记载晚唐时期有个叫胡翙的人，在某藩镇作佐幕，因为檄文写得好而受节度使器重，便有点恃才傲物，行为放荡。一次他前往荆州拜访巡察张同，

宋人临摹《女史箴图》中的椅子

张同的仆人不认识他，这让他很不高兴，边走边脱衣服，到了客厅，长衫已经脱掉了。张同听说胡翙来了，很高兴，赶紧命家人准备好酒好肉，然后急忙出迎，却有仆人来报："大夫已去矣。"张同来到客厅，只见"双椅间遗不洁而去"。

椅在许慎的《说文解字》中解释为"梓也"，是一种落叶乔木。椅子虽然写作椅，但名其为椅并不一定是因其用梓木制成。初唐的时候椅是写作"倚"的，取其"倚靠"之意。中晚唐之后才改作"椅"。明代张自烈在《正字通》中即说道："椅，坐具后有倚者，今人俗呼椅子。"不过讲究的椅子都是用木材制成的，木材越好越高端，唐代贵妇和上层人士的椅子都是木制的，而且都是上好的木材。除此之外，竹子和蒲草也可以用来制作椅子。《广异记》记载京兆富平人仇嘉福前往洛阳应试，被人骗到华岳庙，庙中阴气沉沉，却陈设完备，"当前有床，贵人当案而坐，以竹倚床坐嘉福。"这个竹倚床应该就是竹椅，其称床当从胡床而来，可能是加了一个直背。陆龟蒙的《奉和袭美卧疾感春见寄次韵》诗云："共寻花思极飞腾，疾带春寒去未能。烟径水涯多好鸟，竹床蒲椅但高僧。须知日富为神授，只有家贫免盗憎。除却数函图籍外，更将何事结良朋。"诗中的椅子便是用蒲草编的。这种竹椅、蒲椅应该是寒门士子的坐具了。

　　唐代的高坐具除了椅子外还有凳子，而且后者在日常生活中使用更多更普遍。据唐代的敦煌壁画及绘画显示，凳子的种类已经很多，有方凳、长条凳、圆凳及月牙凳和椭圆凳等多种样式。凳腿主要有壸门式和内弯式两种。上层社会的凳很讲究，凳面和腿均有雕刻，凳面通常雕花，花的中心镶嵌宝石，腿雕卷草纹，两腿之间有朱红的"流苏"，凳面还要蒙上锦纹垫或

宋人摹本周昉绘《内人双陆图》

绣垫等，显得非常华丽。很多坐具上都加有一个圆环，这是因为凳子经常在露天室外使用，为移动方便而设。平民所用的凳通常是粗木制作的小凳和四足凳。

　　筌蹄在唐代叫作"筌台"，是宫中很常见的坐具，一般提供给年老大臣使用。因为上面要覆盖绣帕一方，所以又叫"绣墩"。妇女使用的"筌台"仍然叫"熏笼"，但到了两宋时代便被其他高坐具替代了。除此之外，唐代还有坐墩，它与藤墩一样，也是筌蹄的代替物。在椅子为男性专用的时代里，"熏笼"和坐墩主要是妇女的坐具。

# 三、从实用到美观——椅子的成熟与发展

经过中晚唐的发展，宋代社会已经完成席地而坐向垂足而坐的过渡，高型家具占据了日常生活的主导地位。为了适应社会的发展，宋代工匠在继承唐代椅子特点的基础上，进行了大胆的改革和创新，普遍采用侧足收分的做法，椅子的制作在宋代进入了成熟时期。传统社会中常见的椅子种类和形制在这个时代基本定型并完善，不但造型更趋舒适化，而且以材料的"本色质感"取胜，即突出材料的纹理和色泽而达到一种自然的美。同时大量使用回形纹对椅子进行装饰，使其更具观赏美。此时除了圈椅和交椅外，又新增了灯挂椅和官帽椅等形制。椅子的制作也有一定的规范和审美准则，比如灯挂椅的椅腿和枨子采用与搭脑一致的截面形状，并在椅盘的前侧增加角牙，不仅更牢靠，而且相对美观。同类型的椅子也有不同的造型。比如灯挂椅就有三种，一是搭脑为扁方形截面的直横杆灯挂椅子；二是圆形材的灯挂椅子；三是双座灯挂

椅等。其中双座的椅造型很简洁，搭脑出头，靠背增加横枨，椅盘设券口牙子，侧腿间加装直枨，高度接近椅盘，前方又设踏脚枨，踏脚枨下又加了牙子进行固定，还起了装饰作用。

官帽椅以其形似宋代官员的帽子而得名。同为官帽椅，南北椅子的形制却有区别，北方流行四出头，即搭脑、扶手出头，南方的椅子却不出头。为什么会有这种区别，历史上有两种说法：一说南方是流放贬谪之地，官员被贬就很难再出头，而北方在天子脚下，机会多多，容易入仕也容易出头，四与仕谐音，故椅子"四出头"。

南宋《无准师范像》

另一说宋代皇帝及高官戴的是展脚幞头的帽子，两脚向两侧延长伸出，故曰"四出头"，下级官差戴的是无脚幞头，出头椅为官员所坐，故出头，不出头的椅子是下级官吏所坐，所以不能出头。当然这些说法都是坊间附会，并无根据。因为在宋代，由于坊市结构被打破，城市商业和娱乐业相对发达，富庶城市商业区的酒肆茶楼和店铺摊位很多，为了经营业务，大都设有座具。宋代画家张择端的《清明上河图》描绘的是清明时节汴京市民的日常生活，在一些高门大户中，也包括店铺中就有灯挂椅、四出头官帽椅、交椅、圈椅和双座椅子等的出现。后世的椅子几乎在宋代都已经初见端倪了。

赵宋王朝的对外政策虽然并不强势，但经济却非常发达，市场经济很繁荣。据吴自牧的《梦粱录》记载，南宋时的杭州全城有各类店铺144种，木材加工作坊和木器店不少，很多胡同和街道都有制作妆奁、床帐、桌椅和其他木器的店铺，每逢初一、十五的城隍庙大会，经商的，逛庙会的，人来人往，热闹非凡，市场上人头攒动，有各种家具的专卖摊位，家具种类有"描金彩漆、桌椅、床、凳、大小衣箱、橱柜等"。

宋代椅子种类很多，但最具特色的是交椅。它继承了胡床能折叠的特点，出行携带很方便。据说宋代

北宋张择端《清明上河图》（局部）

皇帝外出打猎的时候，侍从们就替他扛着交椅跟着跑，以便随时打开让皇帝坐上歇息。久而久之，交椅便成了权力和地位的象征。肇端于宋元话本的章回小说《水浒传》排梁山好汉的座位次序便使用"交椅"一词，晁盖、宋江先后坐上了"第一把交椅"，成为水泊梁山的大头领，"坐第一把交椅"意味着处于首要地位。

　　明清两代是中国古典家具发展的高峰，家具的造型、装饰纹样以及制作工艺也都在此时达到完美的融合。单就椅子而言，它的设计看起来非常自由，其实很有讲究，更注重通过结构的安排而达到造型的完美，比如常用装饰长边、填充方块、增加纹饰线条的方法，达到素雅而简洁的美感。椅子整体用前腿、后腿、靠背、鹅脖等立木支撑起来，用搭脑、大边、抹头、座面、鹅脖

北宋高承《事物纪原》中的交椅图

等横木连接，此外再加上枨子、牙子、矮老、卡子花和托泥等起紧固作用的卯件。每一个构件都不是多余的，因为它们既起到了增强结构力度的作用，又对造型的美观起到很好的衬托作用。椅子下半部依当时的潮流有束腰和无束腰两种。无束腰的简洁挺拔，圆腿侧足收分，附设各种牙头、牙条和枨子；束腰的庄重质朴，最常见的样式是方腿直足，也有马蹄足的鼓腿和三弯腿，座面、束腰和牙子相结合，层次感很强。然而，不管造型是否束腰，也不管脚是圆腿侧足还是方腿直足，也不管用枨子还是用托泥加固，都必须依赖整体框架的结合和支撑。

明代椅子非常注重工艺美和功能的完善，按照一定的规律，对椅子的平面和曲面比例进行调整，使其造型呈现出线条的完美组合，造型十分简洁大气。当时的椅子有直线形、"C"形、"S"形，根据结构体势在转折处、足部加以润色修饰，具有极强的造型效果。这些构件既是椅身必不可少的结构，又是一种装饰。因为构件本身也雕有线脚，线脚的深浅宽窄、舒敛紧缓、平扁高低设计不同，都会与构件的形式联系在一起。心思灵巧的明代工匠在这些构件上或起线、打挖，或作鸟兽花草的浮雕透雕，美化效果难以言表。功能的完善则体现在靠背、扶手和脚踏枨的设计。比如"S"形靠背的折点有高有低，优雅地融合了几种坐姿倾斜度，通过靠背的不同弧度来满足人们在不同状态时对倾斜角度的需求，不但避免了一种坐姿带来的疲劳感，而且通过曲线的动态变化带来生动的造型，传达出动静虚实、刚柔兼济的柔和之美。明代的扶手设计更加人性化，开始根据座面大小设计样式和高度，起到了使身体更舒适和外表更美观的两者兼顾的效果。踏脚枨的设计也趋向合理，既可以适应不同的坐姿，使小腿和足部得以放松从容，又达到了稳定结构和装饰美化的双重效果。

明代椅子的制作继续吸收古代建筑艺术的精华。

比如无束腰椅子椅足向外张开，仿效建筑中"大木梁架"的基本原理，通过梁架分散重量，椅足既不外翻也不内弯，足下也不安装托泥，这又被称作"四腿八叉"，具有极好的稳定性。明代高档家具多以硬木制成，家具设计师和工匠们往往根据木材的颜色、纹理、气味、硬度，对家具构件进行打磨和擦蜡处理，突出其清澈柔润的光泽，保持通体的天然纹理。这种以自然本色之美取胜的制作方法与传统社会崇尚自然的审美思维相结合，使得明代椅子制作更符合大众的心理需求。

圈椅和官帽椅是主打椅子，在明代非常流行。圈椅上圆下方，隐含着古代"天圆地方"的宇宙观。方为底盘，稳重扎实，圆为主旋律，轻快流畅，圆与方的完美结合，使圈椅的造型充盈

明代束腰带托泥圈椅

着节奏感与视觉冲击力。圈椅的椅圈是圆弧半径，用圆材制作，与端部弯头半径的比例正好是 2:1。从正面看，椅腿向外倾斜，下端的宽度与椅的座面相等，椅腿内侧呈梯形空间，坐面的中心与椅腿的底端两点恰好构成等边三角形。靠背和扶手呈弧形由高到低逐渐递减，造型圆润优美，坐在上面整个手臂可顺势搭在扶手上，既舒服又雍容贵气。因为圆在中国是和谐团圆的象征，美好的寓意和祝福成为一种符号，所以圈椅颇受大众喜爱。

官帽椅仍分四出头和不出头两种，北方把不出头的称作南官帽椅，南方自己称之为"文椅"。其特点是扶手和搭脑不出头，且向下弯扣住其直交的枨子，这种闷榫角接合的正角榫接有点像烟斗管，中国的匠师们常用"挖烟袋锅"的术语来称呼这种技术。榫卯结构是明代家具中最具科学性的特点。它是指木制构件通过凹凸结构以咬合的方式进行连接，凸出为榫，凹进为卯，可以是两个木制构件进行咬合，也可以是多个木制构件进行咬合。好的工匠师可以凭着多年的经验，通过对材料的打磨加工，设计出复杂的榫卯结构。榫卯结构不仅有强大的牢固性、稳定性，而且还起到使接合部位平整、流畅的效果。南官帽椅又分为高背或矮背两类，矮背的高度不会超过 100 厘米，高

清代木版画中的四出头官帽椅

背坐着非常舒适。

明代椅子整体以简洁为主，但也有例外。有一种黄花梨玫瑰椅，用黄花梨木制作。这种扶手椅比一般椅子的后背低，后背扶手高低相等，通常靠窗台陈设使用。靠背镶板透雕六螭捧寿纹，下面的支垫，扶手横梁下的壶门牙，也浮雕螭纹。藤心座面下装券口牙子，浮雕螭纹及回纹。圆腿直足，腿间装步步高赶枨。这既是玫瑰椅的典型形式，也是明代椅子纹饰最为繁缛的一种式样。明代还有两种祥龙纹圈椅也很繁缛。一是镂雕螭龙火焰纹圈椅，背板中间镂空雕有螭龙火焰纹，内雕镂空卷草纹。一是双螭龙纹圈椅，板上镂空透雕一小一大双龙纹饰，龙身周围纹满忍冬纹。这种圈椅风格华丽，雕刻繁复，纹饰几乎布满椅身各处。但是由于采用了透雕的手法，龙纹装饰与家具的融合贴切自然，丝毫没有喧宾夺主的感觉，配合座椅整体的洁净和其木质纹理，显出一种素雅的美。在民间传说中，螭龙又名蛟螭，是龙生九子的第二子，为水中神兽，螭龙寓意美好、吉祥，也寓意男女的感情美满，把它雕刻在家具上取防走水、平安吉祥之意。

　　明式椅子虽然不过多装饰，但却讲究精致文雅，在突出简洁的特点之外，注意繁简结合，疏密有序，使这些装饰具有画龙点睛的效果。纹饰以卷草纹为主，风格趋于纤长、清秀，主要以装饰构件形式出现，如牙子、券口、挡板、卡子花和靠背上截开光处和下截的亮脚等，其本意是为了保护家具，但却起到了形神统一的艺术效果。卷草纹既可单独构成装饰纹样，也可与其他图案组合。牙子、卡子花等处经常用单独的卷草纹作纹饰，使其分外醒目，而狭长延伸之处则多用套联和分枝的卷草纹形式作修饰，更显其委婉细腻，为明代家具增添了许多柔美。总体而言，除了螭龙纹圈椅之外，明式椅子整体造型简练挺秀，质朴大方，比例匀称，风格素雅，充分发挥点线面艺术，突出整体的形态美，呈现出和谐的美感。

清代社会经济虽然继续发展，但家具的制作始终无法突破明代的技术和材料。为了能够有所突破，清代工匠师们在椅子的装饰纹样和细节上下了很大的功夫，刻意追求华丽精美。清代常见的回形纹太师椅，虽然使用了很多造型，线构件作成回纹状，椅腿作方腿马蹄足，背板上端弯曲，但却是简单地将几种造型叠加到一起，不仅未能摆脱传统的束缚，反而显得呆板笨拙。当然也有调节得恰到好处的地方，比如扶手、椅腿和上半截后腿的截面形状都改成扁方形，背板上的纹样与前侧券口牙条上的卷草纹相互呼应。然而清式椅多采用束腰作法，却配以方腿马蹄足，又显得有点怪异。

到了清代中期，工匠大师们特别渴望能突破原有的工艺和技术，于是出现了龙纹束腰靠背椅子。其制作遵循束腰椅子的原则，采用方腿直足和鼓腿膨足，为求独特，前侧椅腿改为鼓腿膨足、后侧改为方腿直足。这一改变有点弄巧成拙，因为它与宋元明以来所传承的椅子制作规范和原则不相符合，整体结构上显得不够协调。另外，为了标新立异，清代家具的制作一改明式椅子纹饰简洁明快的特点，在雕刻装饰方面极尽功力，各种纹饰复合运用，极尽华丽却显得繁缛而呆板。虽然清代大量使用藤材和竹材制作椅子，力求有所突破，却始终未能突破传统的题材和形态。

　　凳子在宋以后尤其是明清时期的发展也很快，不仅用于家庭生活，也应用于服务业，《清明上河图》的市井店铺中便有很多方凳和条凳。明代是传统家具

清代大理石灵芝太师椅

制造业的高峰，凳子的制造也很发达，不但式样增多，造型也更加优美。当时凳子的造型分方凳、圆凳两大类，无束腰的大都直腿，束腰以方腿居多，而且多采用曲腿或三弯腿的样子，工匠们在凳腿的下端作内翻、外翻等细节的处理，使其造型更加别致生动。高级的凳子也有不少纹饰图样，与明清时的风格一致。除凳子以外，还有一种精巧的、富于装饰性的坐具叫坐墩，形似腰鼓，无足、无靠背，中间大两端小。明清的民间流行俗称"四腿八叉"的条凳。条凳的座面是长条形，四腿向外撇成八字形，宜两人并坐比较稳固，在现在的江南地区仍很常见。

# 四、从坐具到礼仪——坐出来的文化

中国自古以来以礼乐文明自居。自从周公制礼作乐以来，中国世世代代的人们便被笼罩在礼法的约束之内，非礼勿视，非礼勿听，非礼勿言，非礼勿动，便成为圣贤的座右铭。据《仪礼》十七篇记载，礼的内容包罗万象，上至祭祀天地鬼神祖先圣人，下至衣食住行言谈举止，大到军国要政诸侯朝聘，小到人情往来婚丧嫁娶，每件事情如何操办，每道程序如何处理，礼仪都做了具体的规定。什么场合怎么坐，礼法也有具体的要求。

前面讲过，中国的上古时代是没有座具的，吃饭休息都是席地而坐的。诸侯朝聘、宾客往来、宴饮聚会，也都是要席地而坐的，只是怎么坐是有讲究的。席地而坐通常有三种坐法，跽坐、箕坐、踞坐。在正式的、公开的场合，要采取跽坐的方式；在私密的场合可以采取箕坐或踞坐方式。箕坐和踞坐是非常不文雅不礼貌的坐姿，即便在私密场所使用，也得小心谨慎，千万不能让别人看到，否则便是对他人的不尊重。据《韩诗外传》记载，年轻的孟子某天回到家里，径直推开内室的门，却看到妻子箕坐着，他立马觉得受到了奇耻大辱，当下便要休掉妻子，幸亏孟母贤良淑德、深明大义，批评儿子无礼入门在先，阻止了休妻的闹剧。

唐代王维《伏生授经图》（局部）

在礼乐文明的时代，礼乐实际上是贵族的专利，即"礼不下庶人"，是一种上层社会意识形态，其实质是通过礼仪在社会上建构起"尊尊、亲亲"的等级制度。因此，古人的踞坐本身就是一种"阶级性"的社交礼仪，就像一种符号，打上了深深的阶级烙印。在礼仪制度的制约下，踞坐是贵族的特权，踞坐和蹲坐是庶民的坐姿，以踞坐和蹲坐对人，自然是视对方为不知礼仪之人。孟子久读诗书，熟稔礼法，自然不喜欢看见妻子在自己面前箕坐。然而相对踞坐和蹲坐而言，踞坐显然是不够舒服的，所以贵族子弟从小就要接受严格的训练，以保证他将来走上社会参加礼仪社交时不至于失礼。

踞坐又叫正坐，坐的时候臀部放在脚踝上，双手规矩地放于膝上，男女的手势虽不同，但均要求挺身颔首，目不斜视，看起来非常恭谨虔诚且庄重。在西周春秋时代，周天子与诸侯之间、诸侯与诸侯之间、卿大夫士之间都经常来往，诸侯见天子叫朝聘，诸侯之间叫聘，卿大夫士之间叫相见，虽然身份等级不同，相见时的礼仪不同，但落座叙话时的坐姿是一样的，统统席地踞坐。那时虽然也讲"尊尊"，即尊天子、尊诸侯，但君臣之间是"君使臣以礼，臣事君以忠"的互助合作关系。君对臣并不居高临下，臣对君也不奴颜婢膝，君仁臣忠，双方各修其德以司其政，通过礼仪的调适达到和谐相处。君端庄严肃的正坐，是对臣下敬业奉公的最佳奖赏；臣对君严肃恭谨的正坐，则是对君诚意尽忠的表现。跽坐体现了古礼"自卑而尊于人"的内涵。

春秋末期以后，以孔子为首的儒家，通过整合先秦的礼仪制度，将"尊尊、亲亲"发展为"君君臣臣、父父子子、夫夫妇妇"，在君臣父子夫妇之间确立了严格的等级，这一等级又随着汉武帝"罢黜百家，独尊儒术"而得以在社会上普遍确立。在这个过程中，跽坐作为等级制度的象征符号也被继承下来。然而，因为礼崩乐坏，一些繁文缛礼消亡，加之物质生活水平渐趋提高，仅靠跽坐等象征符号已经难以表达阶级和身份差异，物的烘托就变得至为重要。坐具不早不晚恰于此时出现，好像就是为了配合这一发展变化，于是尺寸、用料、造型和装饰纹样等就成为表达上下、尊卑、长幼、男女等关系的原则。椅凳的制作即体现了"礼制"的目的和作用。

唐代是椅子的草创时期，作为一种新鲜时髦的物事，椅子主要流行于上层社会，是上层社会男子身份地位的象征，下层社会的劳动人民是无缘与闻的。上层社会的妇女地位虽然很高，但她们也不能使用椅子，她们的坐具是凳子，主要有月牙凳、圆墩、腰鼓凳等，当然上面刻有美丽的纹饰。宋代椅子的制作比唐代发达许多，椅子的种类也比较齐全，但椅子的使用并不普及，根据张择端的《清明上河图》所画市肆小店，招待客人多用方桌和条凳，显然至迟到宋代，椅子仍然是封建士大夫们的专利。在宋元时期，椅子通常是

宋代画《蕉荫击球图》

仕宦人家的坐具，而在一般家庭中，只有男主人或来访的贵宾才能使用椅子，妇女及下人只能坐圆凳或马扎。但在上层社会的富裕家庭中，女人使用椅子的情况也很常见，陆游《老学庵笔记》就记载道："往时士大夫家，妇女坐椅子、兀子，则人皆讥其无法度。"

清代《行乐图》

受儒家和道家文化影响，明代椅子的设计兼具内敛沉静、含而不露和灵动洒脱、飘逸流畅的双重审美特点。不过因为明清两代商品经济发达，市民阶层兴起，椅子的使用也越来越普遍，椅子在寻常百姓人家也是常见的坐具，区别只在材质和工艺罢了。另外，椅子的使用已经没有男女之限，普通人家的年长女子可以使用椅子，但年轻的女孩子还是使用凳子或坐墩。因为女孩子从小要被训练的乖巧听话，举止端庄优雅，站有站相，坐有坐相，凳子没有倚靠，对坐姿要求比较严格，对训

明代八宝托泥圆凳

练女孩子的形象是很有帮助的，所以她们多用凳子或坐墩。制作精美华丽的就叫绣墩。当然，一些大户人家也会给小姐准备一种形制较小、造型别致的玫瑰椅，这种椅子椅背较低且与椅座垂直，小姐坐在上面坐姿必须端正，不可乱倚乱靠，以表现女性的文静与优雅。

　　因为椅子走入了寻常百姓家，通过椅子所体现出来的社会等级身份消失了。但是聪明的中国人总会琢磨出一种自我安慰、自我陶醉的方法来，体现在椅子的文化中便是所谓"太师椅"的出现。太师椅体态宽大，靠背与扶手连成一片，形成一个三扇、五扇或者多扇的围屏，最能体现清代家具的造型特点。关于太师椅的由来，宋人张端义在《贵耳集》中记载道，高

宗时宰相秦桧坐在交椅上仰头休息，无意中头巾坠落，京尹吴渊看在眼里，便命工匠制作了一种荷叶托首，安在秦桧的椅圈上。以后"凡宰执侍从皆用之，遂号太师样"。有趣的是，岳飞的孙子岳珂在《桯史》一书中称带有荷叶托首的交椅为"太师交椅"，并提到秦桧与太师椅的瓜葛。由此可见，宋时的太师椅就是交椅。荷叶交椅在宋代很流行，大凡有身份有地位的都喜欢用，宋代有幅名画《春游晚归图》，画的是一

南宋《春游晚归图》（局部）

个官员游春归来，鞍前马后簇拥着十多位仆从，各执器具，有一人就扛着带荷叶托首的太师椅。

　　"太师椅"的名称在明时仍很流行，只是不再是宋时那个荷叶交椅了，而是特指圈椅。沈德符在《万历野获编》中说道："椅之有栲圈联前者，名太师椅。"到了清代，太师椅又成了一种扶手椅的专称，凡体形硕大、做工繁复、设于厅堂的扶手椅、屏背椅等都称太师椅。为了突出主人的地位和身份，太师椅的靠背板、扶手与椅面间成直角，模样庄重，用料厚重，形制宽大夸张，装饰繁缛，尊严有余而舒适不足。太师就是宰相，一人之下，万人之上，坐在太师椅上的人仿佛也就拥有了受人敬仰的地位和尊贵。因为追求地位、尊贵和光宗耀祖是中国古代文人士子和普通老百姓共同的美好愿望，所以清代中期以后家具生产蓬勃发展，太师椅在民间风靡一时。为了满足市场需求，物美价廉的榉木等木材也开始用于制造太师椅，这就使太师椅成为一种家常坐具。讲究的人家在布置客厅时，往往会摆上一对太师椅，或者将一对太师椅与八仙桌配套，既可以烘托主人家的气派，也提高了主人的品位和情趣。

　　虽然椅子的使用已经没有身份之别，但宫廷、官场、社交场合和私人空间还是有一定的规矩的。在宫

清代《圣谕象解》

廷内部，一直到明清时代，坐具的等级制度都非常严格，金銮宝座只能皇帝专用，并成为皇权的象征。宝座造型宽大，庄重威严，扶手和靠背都呈直角，气势与西王母的龙虎座有一比，皇帝坐在上面的确是威严无比，只可惜坐着并不舒服。太师椅是唯一用官职来命名的椅子，原本是官家的坐具，代表着权力和地位，放在皇宫、衙门内能彰显王公贵族的官品职位，放在家庭中也能显示出主人的地位。在明清时代，太师椅的级别仅次于帝后的专用椅。在官

清代《圣谕象解》

场和社交场合中，一般只有身份最尊贵、官职最高的
人才能居中而坐太师椅，官职较低的坐官帽椅，地位
低的坐凳子，其他人就只能站着了。在一些相对私人
化的空间，比如在书塾或私塾里，老师才能坐太师椅，
学生只能坐凳子。在家庭内部，坐太师椅的人一定是
一家之长——老爷。

2006 年，由上海崇源艺术品拍卖有限公司主办的春季拍卖会爆出一个惊人的消息：清代的红木雕花镶嵌缂丝绢绘大屏风，拍出了高达 8050 万港币的价格。这件屏风的年代为清康熙晚期至雍正初期，以前为法国一收藏家所珍藏。迄今为止，这件屏风是拍卖价格最昂贵的屏风，而且它的拍卖价格一直高居古典家具拍卖的榜首。如此高昂的拍卖价不禁令人思索：屏风到底是怎样的一种家具，它在历史上经历了怎样的发展，才会令今人如此痴迷？

# 一、从邸宸到屏风——屏风的出现与广泛使用

屏风也是我国传统家具五大系列之一，在古代人的生活中起着重要的作用。它与几案、床榻一起，构成了人们生活的场景，既装饰美化了环境，又遮挡了视线，保护了隐私。一句话，屏风在古代社会起着美

化空间和组织空间的作用。虽然在当今社会普通人的日常生活中已经不再使用屏风，但人们仍然能经常看到它的身影，比如古典装修风格的餐厅和宾馆，医院的门诊室和病房，以及公务繁忙的写字间等。当然在一些喜爱古典家具的朋友家里，也会看到屏风的身影。

现代词典给屏风下的定义是放在室内挡风或者遮挡人们视线的用具，它更广泛的使用在古代建筑中，主要用来挡风、遮蔽视线、隔离空间。用通俗的话来说，屏风就是为房屋主人提供屏蔽作用的一种家具。明代罗颀编撰的《物原》认为大禹时代就有屏风的出现，其说毫无根据，因为夏商之际的日常生活非常简单，居室狭小，室内只摆放着辅助生活的简单器具，大件小件都有具体的功能，男女大防也没有形成，根本不会形成用来挡风和隔断空间的屏风。而据西汉刘熙《释名》所云"言可以屏障风也"，以及《汉书》多见屏风的记载可知，屏风在汉代比较流行，所以汉代以前就有屏风的出现。那么屏风到底是什么时候出现的呢？

与几案箱柜的出现一样，屏的出现也与礼有关。根据考古学资料和文献材料的记载，西周时期就已经有了屏风，只是另有别名。《周礼·冢宰篇》记载一种职官叫掌次，他的工作是负责周天子的仪卫，周天子举行祭天大典时，他就要"张毡案，设皇邸"。然后"又以凤皇羽（孔雀羽）饰之"。汉代的经学大师郑玄解释说："邸，后板也。"邸在当时也称为"邸扆"。扆（yī）本是装饰斧纹以象威仪的用具。斧又作黼，指云雷纹、勾连云纹等几何纹饰。所以斧扆就是背靠着的屏风，又写成"黼依"。不论是装饰"凤皇羽"的"皇邸"，还是画有斧纹的"黼依"，都放在周天子的宝座后面，皆象征周天子至高无上的权力与不可撼动的地位。它实际上就是礼器，为天子专用。只不过当时的生产力很低下，木作加工技术不发达，屏风的形制就很简单。根据孔颖达考察，当时的屏风是木制框架，高八尺，糊以深红色的丝帛，屏画有斧形纹饰，这与后世屏风形制相差不远。

西周末年，王室衰微，屏风也从周天子的专用器物变为诸侯贵族们显示社会地位的家具。战国时期，物质生活日益丰富，屏风的品种也增加了，使用人群渐渐扩大，不再局限于王公贵族。屏风上的图案除了原有的让人敬畏的神秘纹饰以外，又增添了许多反映自然界生机勃勃状况的动物图案。1977 年河北平山县发现了一处战国时期中山国的遗址，出土了几种金属器座，有错金银虎噬鹿铜器座、错金银铜犀牛器座和错金银青铜牛器座等。这些动物背部的构件是可以插入器物的，考古学者推测它们很可能就是板式插屏的底座。根据出土资料推测，这应该是一个青铜器和漆器结合的两扇围屏，主体是红底黑边的漆板，上面画着灵动翻飞的小鸟与轻盈柔美的祥云。战国时期也有纯漆器的屏风出现。湖北江陵望山楚墓曾出土过一件透雕彩漆座屏，屏面用通透的手法雕刻着凤、雀、鹿、蛙等51种动物的图案，屏座则由数条盘绕的蛇构成。这幅屏风展示了自然界动物相互搏斗的场面，形象逼真，新颖有趣。这种迹象表明，战国时期屏风的功能不仅限于能挡风寒，而且开始有美化空间的发展趋势。

战国彩绘木雕座屏（局部）

秦汉以后，屏风发展迅速，《史记》记载荆轲刺秦王的故事中提到宫殿上有"八尺屏风"，说明秦代室内也摆设屏风，而且比较高大。汉代的屏风不仅形制上有了许多变化，材料的选取也更加多样化。汉代的屏风也是多放在身后，除了板式插屏、座屏外，又发展出多扇拼合的曲屏。此时制作屏风的材料也有很多，主要有漆木、绢帛、云母、琉璃、杂玉等，看起来也非常精美，长沙马王堆汉墓1号墓出土的木制独扇座屏足为代表。这个屏风整体为长方形，下面有底座。屏面采用髹漆工艺，正面底色为黑，中心画着一条绿身红鳞的腾飞巨龙和朵朵祥云，屏面的周围装饰有红色菱形图案；屏的背面底色为红色，中心用绿漆绘有谷纹壁，四周是几何方连纹。根据与屏风同时出土的竹简记录，汉代的屏风一般长五尺、高三尺，折合成当代的尺寸分别为105厘米和71厘米。

　　曲屏的出现和当时人们的起居习惯有关。汉代人们依然席地而坐，但上层贵族已经开始使用床榻，为了挡风和倚靠，屏风经常和床榻、茵席结合使用，以致出现了有屏大床和屏风榻两种新型家具。这两种家具中的屏风主要采用两面围、三面围和多扇两面围的形式，放在床榻之上，高度有限，故汉代的屏风并不高。除了和床榻结合，屏风还有与兵器架结合的。山东安邱的画像石中坐于榻上的人物身后立有屏风，其右侧安装着置有四把刀的武器架。后汉李尤的《屏风铭》简明扼要地道出当时屏风的特点：不使用的时候就静静地隐蔽起来，被用的时候就展开。立在地面就一定要端直，平时一定廉正端方。阻挡风邪，防止露水渗入。侍奉上面保护下面，保证一切如常。即所谓"舍则潜避，用则设张。立必端直，处必廉方。雍阏风邪，雾露是抗。奉上蔽下，不失其常。"

屏风与床榻结合也与中国古代建筑形式有关。中国传统建筑是土木建筑，大部分建筑平地而起，即便堆土成台，也不免潮湿。为驱散潮气，房屋建筑特别讲究室内通风，这在夏季固然很舒服，但到了冬天，寒风凛冽，就让人难以接受。这时就特别需要遮挡穿堂风的器物。而汉人的日常活动又以床榻为主，所以上至帝王下至贵族，都喜欢在床榻和座椅背后放置屏风，这样既能彰显自身身份高贵，建立上下有序的空间秩序，又能根据需要隔断空间，防风挡沙。这种作用从汉代到南北朝一直都受到重视。晋人裴启所著《裴子语林》记载，尚书令满奋身体不好患有皮肤病，特别怕见风。有一次，满奋陪晋武帝坐着聊天，突然发现遮挡北窗的屏风看起来不够严实，不禁面露难色，结果被晋武帝笑话。满奋自嘲说：我就像是生活在炎热气候下的吴国的牛，看到月亮以为是太阳，忍不住也喘起来了。

# 二、屏与床榻的分分合合——屏风的发展

魏晋南北朝时期，中原文明席地而坐的生活习俗
受到冲击，人们逐渐学习少数民族"垂足高坐"的起
居方式，加之此时的房屋建筑中最重要的斗拱技术大
有进步，房子变高了，家具也跟着纷纷"长高"。这
个时候，很多屏风一般直接放在床榻后的地面上，隔
离出一个完整空间。东晋顾恺之有一幅《列女仁智图》，
描绘的就是卫灵公与夫人在夜半时分坐在榻上，探讨
究竟是何人的车马经过他们房屋的场景。图中人和灯
烛摆在中间，三面围屏，大屏上画着宏伟壮阔的山水
画，屏风用钮连接，不用底座就直接放在地面上。
当然，当时还有一些屏风是置于床榻上的，比如顾恺
之的另一幅名画《女史箴图》所画的折叠屏风：屏风
放在床榻上，留下一面让人上下床，剩下三面用屏风
包围。这个屏风起到了挡风、遮蔽视线和分割空间的
三种作用。

汉魏以后，屏风不仅是上层贵族权利和社会地位

东晋顾恺之《列女仁智图》（局部）

的象征，更是中下层社会追捧的奢侈品。屏风不仅出现在贵族家庭中，连中等官僚和富裕地主家庭中也可窥见其身影。屏风的装饰作用大大超过实用功能。魏晋南北朝前后，传统的书法绘画艺术有了很大发展，出现了很多名家。为了附庸风雅，文人雅士喜欢在屏风上作画，名家所画则价值非凡。据说三国时著名画家曹不兴应邀为孙权在绢素屏面上作画，他先画了一篮鲜嫩欲滴的杨梅，一不留神误把毛笔点在屏面上，但他略加思索，把墨点改绘成苍蝇。画好后，孙权邀请群臣观画，发现屏风上有只苍蝇，伸手弹了几下，但苍蝇却纹丝未动。再仔细一看，原来是画上去的，于是对曹不兴的画技大加赞赏。

　　汉魏之后战乱频仍，经济停滞不前，统治者推行节俭之风，屏风造型也就变得简单了，大体依床榻而制，或呈长方形，或呈方形。除了流行彩绘屏外，素屏因为象征个人朴实高洁的品格而受人推崇。《三国志》中记载曹操攻下柳城后，特意将一座素屏风赐给毛玠，说他身上有古人的风骨和品格，这座古人的素屏与他最为相配。曹操本人也是节俭之风的提倡者，他的帷帐屏风坏了就派人修补，能不换则不换。作为手握重权的一代枭雄，此举实为难得。当然在提倡节俭的时代，也有人讲究奢侈，有一些上层贵族采用战国以来的漆器艺术制作屏风，考古学家曾在山西大同北魏司马金龙墓中发现了一座木漆器屏风，两面都有漆画，每幅画都有题论和标题，内容大致采用刘向的《古列女传》。漆画中的线条用黑色，人物面部、手部用铅白，衣服道具用黄、青、绿、红、蓝、灰等色。画法与东晋顾恺之极为相似。

　　魏晋以后佛教开始了中国化进程，并与儒家、道家融会贯通。受佛教文化影响，此时的屏风打破了以前惯用神兽形象和红黑两种色调的惯例，以《割肉救鸽》《舍身饲虎》等佛教故事为题材的屏面绘画出现了。屏风的装饰纹样也大大丰富了，出现了诸如莲花瓣等样式，还出现了深绿色等新色调，看起来婉约秀美，耐人寻味。另外，这时屏风还出现了称为"须弥座"的底座，须弥座最早是佛像的底座，古印度传说认为须弥山是世界中心，用须弥山做底可以衬托出佛的至高无上，这一底座一直延续至今。

除了屏风之外，汉代开始出现的步障也很受欢迎，士族们纷纷使用，以附庸风雅。步障和屏风的功能一样，也是用来挡风和遮蔽视线的器物。汉代的步障一般挂在竖立的杆子上，皇宫里经常可见。到了三国时期，人们常

北魏漆器屏风《古列女传》

用步障把自己围住，在里面吃酒。如曹植曾在《妾薄命行》中写道："华灯步障舒光，皎若日出扶桑，促樽合坐行觞。"步障后来又成为显示身份高贵和财富的一种手段，《世说新语》里记载西晋闻名于世的大富豪石崇与王恺斗富，王恺用紫丝布步障40里，石崇就用锦步障50里来压倒王恺，成为大家的谈资。后世虽然再不见如此奢侈的事例发生，但直到唐代仍有使用步障的情况。《云溪友议》提到唐代云阳公主下嫁，郎中陆畅作《咏行障诗》加以歌咏。唐代的步障形制就是在地上立木头柱子，头上留绳，绳上悬挂织物，整体便于移动，在室外比屏风更有实用性。

隋唐时期，古典家具进一步发展。贞观之治、开元盛世的到来，开放包容文化的形成，加之社会经济发展，政治稳定，社会清明，屏风有了新的发展。这时的屏风虽然主要还是用来遮蔽视线和挡御风寒，但使用范围却更加扩大，从皇城官邸到社会上的富裕人家，从后宫妃嫔的宫室到普通少女的闺房，都能看到屏风的身影。由于高坐具开始流行，唐代人们已经渐渐改变了席地而坐的习惯，家具也由低足向高足发展，形制低矮的小屏风也渐渐向高大转变，整体呈现出浑圆厚重的风格。包容的社会环境和繁荣兴盛的经济状况，使得制作屏风的材料更加多样，云母、水晶、琉璃、象牙、玉石、珐琅、翡翠以及金银等贵重材料都被用于屏风的装饰，当然这局限于社会上层和富贵人家。民间普通人家更喜欢素面白净的素屏，当时的素屏就是用木头做一个田字型框架，再用白纸当屏面，简洁大方。白居易也曾写《素屏谣》赞美道："素屏素屏，胡为乎不文不饰，不丹不青？当世岂无李阳冰之篆字，张旭之笔迹？边鸾之花鸟，张璪之松石？吾不令加一点一画于其上，欲尔保真而全白。"

唐代的屏风依然有座屏和落地插屏两种，但制作技术有了新的发展，比如在底座出现了抱鼓墩和云头形站牙结合的新形制，为后世屏风争相效仿。在当时，屏风的形制以矩形屏面、多扇横联的折叠式立地屏风设计最为普遍。当然，床上摆放屏风的习惯仍然保留，当时的诗歌中就有"就日移轻榻，遮风展小屏""低屏软褥卧藤床，异向前轩就日阳"的记载，它们共同反映了床上屏风的存在。当时的屏风一般以木为骨，以纸、帛为画。随着造纸术的发展，纸基本取代帛成为制作屏风的主要用料。唐代诗人李贺有首《屏风曲》诗云："蝶栖石竹银交关，水凝绿鸭琉璃钱。团回六曲抱膏兰，将鬟镜上掷金蝉。"其中的"六曲"指的就是六扇屏风。六扇在唐代折叠屏风中最为常见，唐诗中多有吟咏，比如李商隐所作《屏风》一诗就提到"六曲连环接翠帷"。

唐代文化繁荣，诗人画家辈出，他们的作品世人争相购买和收藏。《唐朝名画录》里就记载有个叫朱审的人，画了一幅波澜壮阔的山水图，他的画作从民间到宫廷全都喜欢，有做成卷轴的，还有人直接以此图为原型制作影壁。因为唐代屏风多以纸帛做屏面，所以骚人墨客们也就喜欢在屏风上作画题字，从而推动了书画屏风的发展。自家的屏风若有名人题诗或绘画，那可是炫耀身份地位的绝佳之物，因此名人的画屏往往价值巨万，《历代名画记》记载著名画家董伯仁、展子虔、郑法士、杨子华、孙尚子、阎立本、吴道玄等人所作屏风画，"一片值金二万，次者售一万五千"。这从侧面也可反映出唐代书画屏风是多么地流行。

只是令人惋惜的是，由于材质问题，绘有精美书画的唐代屏风几乎没有流传下来的。现存的唐代屏风实物有日本正仓院所藏的"鸟毛立女屏风"。这是一座六扇屏风，每个屏面都画了一棵树，树下站有仕女。仕女姿态各异，体态丰腴，发髻高耸，展现了大唐美女的风姿。令人叫绝的是，这幅画上的人物衣服和树叶由鸟毛构成，精美异常。另外，1987年陕西省长安县（今西安市长安区）南里王村发现的一个唐代墓

日本正仓院藏唐代鸟毛立女屏风

穴，里面的壁画上有一个六扇屏风，也非常精美，画的也是仕女，显然唐代非常流行仕女画。

从考古资料来看，唐代屏风的发展大致经历了三

唐代侍女屏风

个阶段：第一阶段是初唐到盛唐早期，屏风上的画以单身侍女或树下人物居多。第二阶段是开元天宝时期到贞元后期，流行三扇联屏与独幅立屏，屏画的题材有乐舞、宴饮、双鹤等。此时屏风画除了人物画以外，又出现了花草、山水等画。第三阶段是贞元后期到唐末，仍然流行多扇联屏和独幅立屏，屏风画的题材均为云鹤与花鸟等。

五代十国时期虽然短暂，却是屏风由实用家具向艺术品转变的重要阶段。由于材质的缘故，五代屏风的真品也基本没有保留下来，但幸运的是五代画风流行，至今仍有一些著名画家的作品保留下来，使后人能够看到当时屏风的样子。周文矩《重屏会棋图》描绘的是南唐中主李璟和兄弟们下棋的景象：人们背后立地放着屏风，屏面上画的是白居易诗歌《偶眠》的场景，因为屏风上出现了画中画，所以就叫《重屏会棋图》。立地屏风体积都很庞大，其中三折式的屏风是五代时期的流行式样，屏面上画着山水图，扇面间用金属构件相连，整体造型朴素简洁。王齐翰《勘书图》中有三折屏风的具体形制，大屏风下面有木制

南唐王齐翰《勘书图》

底座，放在居室靠后的中央地带。屏风不仅是人们室内生活的背景，更是室内装潢的重点。

有着"孤幅压五代"美誉的《韩熙载夜宴图》是顾闳中的名作。这幅画是顾闳中受南唐后主之托深夜潜入韩宅观察，回府后默画下来的作品，可见其身手敏捷，画工深厚。全图绘有琵琶独奏、六幺独舞、宴间小憩、管乐合奏、夜宴结束五个场景，出现了三个落地大插屏，形制都很高大，顾闳中把它们设计成分隔画面的屏障。这说明五代十国时期，屏风已经被用来做分割空间的家具。这三架屏风上都画着松石花树或波澜壮阔的山水，与唐代的屏风装饰风格相一致。屏面下方继承了唐代的抱鼓墩和站牙设计相结合的形式，在保证稳固的同时也增加了屏风的美感。除了插屏外，图中还出现了围屏，即围在床榻周围的屏风，它们与帷帐一起为主人营造了一个私人领地。

从这幅画作来看，唐代风靡一时的六扇式屏风已经不流行了，曲屏的扇数可根据具体需要增减。宋代陶谷写的《清异录》中就记载后蜀孟知祥"作画屏七十张，关百钮而斗之，用于寝室"。七十幅屏风相映成趣，他晚年的寝居被喻为"屏宫"。

## 三、集实用与艺术为一体
### ——屏风的成熟与鼎盛

宋代人们在室内较为普遍地使用屏风，庄重大方的插屏更为人喜爱，大多为独扇式和三叠式，只是此时的屏风不再单单与床榻结合使用了。单扇屏风通常放在座椅后，三扇折屏则放在床榻和桌案后面。宋代的屏风都很宽大，皆为落地屏，其基本形制为：四周的边框宽大，屏面上画山水图，底下用墩子木支撑屏风。这些屏风可在宋代的《槐荫消夏图》《高僧观棋图》、名画家苏汉臣的《妆靓仕女图》、刘松年的《补衲图》里见到。除了这些大型屏风外，宋代还新出了一种小型屏风，宽与床榻大致相等，体态轻巧别致，屏面画山水，放在床头上方遮光挡风、遮蔽视线，叫枕屏。这在宋画《半闲秋兴图》中可以看到。枕屏到了明初成为文人雅士的收藏品，退出实用屏风的历史舞台。另外，从墓葬资料来看，屏风在宋代已普及民间。河南禹县白沙宋墓的墓室就画着墓主赵太翁夫妇身坐

背靠椅，隔桌相对，身后各安放一架插屏，一看就知
道其家境的殷实。

　　同时期，辽金地区的家具以简洁为美，整体工整
简单，只在个别地方有纹饰。当时流行独扇式屏风，
典型代表就是山西大同金代道士阎德源墓出土的两件
明器木影屏。这两件屏风的设计较简单，分屏身和站
牙两部分。其中一屏正面没有任何纹饰，为防止变形
在背面四周安了边框，中间加了道横木。另一屏的屏
面为大理石面，显示出当时屏风的装饰已经开始由绘
画转为自然纹理的审美情趣。元代屏风较多地延续了
辽金时期的特点，形体厚重，上部绘山水人物进行装

元代刘贯道《消夏图》（局部）

饰，下部呈壶门式造型，底座如床榻一般，屏框宽厚雕饰花纹。除此之外，元代继承前代设计出五扇屏风床，形体粗大、雕饰华美，床的前面和腿部遍布复杂的花饰。

在宋代以前，人们更注重屏风的实用性，这一特点到明清时期有了变化。屏风的实用性渐渐减弱，装饰性更为突出，渐渐成为具有欣赏和珍藏价值的艺术品。这一发展除了缘于明代家具制作工艺达到高峰，还与海禁开放，大量硬木进入境内和古代建筑的发展有关。郑和下西洋带回大量质地坚硬、纹理细密、色泽光润的黄花梨、紫檀、鸡翅木等硬木，使得明代家具的制作更上一层楼。而且在明代以前，我国古代建筑以土墙为主，明代则以砖墙为主，砖墙承重更好，厅堂可以建得更加高敞。用屏风来分隔室内空间的做法就不合适了，因此屏风渐渐失去隔断的功能，在明中后期变成十分流行的屏门，一般放在厅堂正中后部。因为厅堂变大，屏风的装饰作用更突出，唐伯虎临摹再创造的《韩熙载夜宴图》，每一个场景中都画有屏风，有座屏、折屏、小插屏、步障等多种。

明代的屏风主要有座屏、曲屏两种。座屏，就是带底座，扇面和底座可拆卸又不能折叠的屏风。明代座屏的屏座是须弥座式的，上部浮雕仰式莲花瓣，中间束腰，下部浮雕覆式莲花瓣。仰莲和覆莲，又叫上下"巴达马"。巴达马座屏风就是中间高，两侧低的插屏。这种屏风更加牢固，也更加美观。曲屏就是围屏，没有底座，由两扇及两扇以上屏面连接组成呈锯齿形摆放，一般由轻质木头做框，便于移动，摆放的时候

明代杜堇《玩古图》（局部）

更有灵动之感，为室内锦上添花。落地直板式屏风很大，不便于移动，一般放在厅堂，有独扇的"插屏式"、三扇的"山字式"和"五扇式"屏风等，形制多变，与室内空间灵活结合。

屏风在明代是帝王朝堂不可或缺的装饰家具。皇宫中的屏风放在宫殿的正殿后方，前面有宝座、香几、宫扇等，彰显出一种皇权至高无上的气氛。在民间，屏风也是人们日常生活中不可或缺的器物，尤其是在文人雅士的家中。除了常见的座屏、曲屏和挂屏外，还有更新颖的屏风。笔屏是小型装饰座屏，放在几案上，不仅可以美化书案，还能放毛笔，集审美和实用为一体。最有创意效果的是屏风式镜台，其形制类似于近现代的梳妆台，屏和镜台的制作工艺都十分精致美观，是屏风和镜台完美结合的产物，既有实用性，又有审美价值，堪称艺术佳作。

清代经济繁荣，地方发展迅速，许多地区的文化都自成体系，家具也出现了广式家具、苏式家具、京式家具等分类。除了继承传统制造技术外，清代家具还对外来家具文化采取取长补短的态度。但是由于种种限制，清代家具的制作没有办法超越明代，所以只好在装饰上下功夫，力求华丽繁复，喜好用玉石、珊瑚、象牙、珐琅器等百宝镶嵌在家具上，追求金碧辉煌、

明代黄花梨五屏风式凤纹镜台

璀璨夺目的效果。从形制、工艺及材质讲，清代屏风
基本和明代一样，有宝座屏风、围屏、插屏，挂屏四
种，除了纸绢或刺绣屏风外，还有漆饰屏风、木雕屏
风、镶嵌屏风等。在大清皇宫，宝座屏风放在各宫殿
正殿中间，象征皇权。围屏比较灵便，好移动，皇宫

中举行重大节日往往临时陈设。道光年间，人们为了方便移动，通常将插屏制成上下可以拆开的两部分，然后通过榫卯连接组合成完整的屏风，这也是清代屏风的一大特点。

挂屏是直接悬挂在墙壁上装饰室内的

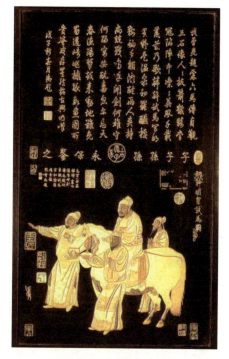

清代《明皇试马图》挂屏

条形屏风，最早出现在明朝末年，形制像对联或诗句一般成对、成组，另外还有扇形、桃形、梅花形等其他形状，它的主要目的是装饰。到了清代，挂屏已经成为人们生活中常见的居室装饰品。最典型的挂屏大概就是乾隆年间制作的《明皇试马图》皇家挂屏，此屏呈现的是唐玄宗在臣子护持下端坐于马上的情景。

屏上有诗，以此告诫清代皇室子弟要保持骑射的优良传统，不要同明朝贵戚一样耽于享乐而重蹈覆辙。此挂屏诗和画均出自名家手笔，是一件不可多得的艺术品。

除了大型屏风以外，清代还有很多类型的小型屏风。如由大型座屏发展演变过来地放在桌案上的小型桌屏、放在床榻上的枕屏和放在书桌上的砚屏等。除木质的外，还有金漆、百宝、澄泥、翠羽、瓷板、玻璃等大量新工艺品种的屏风，造型别致，令人炫目。因为清代地域文化发达，各地生活习俗已形成定式，所以除了通行的屏风外，各地还有其各具特色的屏风，如寒冷的北方有炕上用的炕屏，山西有可折叠的寿屏等。其中最奇特的是运用屏风造型制作的屏钟，俗称"南京钟"。南京钟的形制设计如同插屏一般，由底托、屏座与屏芯三部分组成，巧妙之处是用钟表盘代替插屏的屏心。这种设计既有来自西方世界的新潮洋气，又有来自中华上下五千年的古朴气韵，由于它最初产于南京一带，装饰工艺就主要继承了苏式家具的风格。南京钟较为华丽，屏座的站牙、披水牙花板上都镂刻花纹，如缠枝莲、万代葫芦、拐子草龙、寿字纹、梅花纹、穿壁纹等表示吉祥寓意的花纹，极具美感，说它是一件艺术品一点也不为过。

清代屏风的华丽多彩在《红楼梦》中多有体现。

林黛玉初入贾府，"扶着婆子的手，进了垂花门，两边是抄手游廊，当中是穿堂，当地放着一个紫檀架子大理石的大插屏。转过插屏，小小的三间厅，厅后就是后面的正房大院。"在穿堂里摆放一架屏风，不仅可以挡风和遮蔽视线，更重要的是向来人展示贾府的生活奢华和高雅。第六回写贾蓉家里宴请客人，父亲派他来向王熙凤借玻璃屏风以装点门面。当时玻璃制成的炕屏是稀罕物件，属于奢侈品，不是贵富之家还买不起。第七十一回写贾母过八十大寿，亲友都来送礼，其中有十六家送的贺礼是围屏。最高级的是江南甄家送的那架十二扇大屏，屏心是大红缎子缂丝的，

清代孙温绘《红楼梦》

图案是"满床笏",画的是唐朝名将郭子仪过六十大寿时的场景。因为他的七子八婿都是朝廷高官,平时手中皆持有笏板,拜寿时笏板堆满了床头,于是便留下这个典故。后来"满床笏"也就成了家门福禄昌盛、富贵寿考的代名词。从《红楼梦》的描写来看,屏风已经成为清人生活中用于装点门面、附庸风雅的装饰品了。清代屏风制作更讲究工艺和美观,而不是实用价值了,一件设计精湛、选材上乘、做工精良的屏风就是一件精美的艺术品。

清代镶嵌螺钿银丝曲屏

# 四、含蓄与风雅——屏风彰显的人文情怀

中国古代屏风的产生与发展根植于传统礼仪制度，在其发展过程中又与房屋建筑技术、社会风俗和传统文化传承紧密结合，凝结了历代手工业者和书画艺术家的心血。它将家具的实用性和艺术性完美结合到一起，成为古代上至天潢贵胄，下至平民百姓日常生活中不可或缺的一部分。屏风最开始出现的时候仅是天子展示威仪的礼制用具，后来随着社会经济的发展和生活水平的提高，屏风进入普通人家，为人们挡风、遮蔽视线和隔断空间，实用性功能凸显。另外，随着文人墨客开始以屏风为载体咏物言志，屏风的装饰性大大增加。等到了明清时期，实用性功能削弱，艺术鉴赏功能增加，屏风又成为人们争相赏玩的精美艺术品。所以中国古代的屏风不仅蕴含了丰富的实用文化，更饱含了古人的种种情怀。

屏风的起源与"礼"有直接联系。西周社会是宗法制社会，上下有序、等级森严，分封制和宗法制互

为表里，维护着周天子统治。一整套礼乐制度规范着人们的衣食住行、言谈举止，形成尊卑有差、长幼有序、男女有别的等级社会，那一件件礼器便是彰显一个个人物身份等级的标志。屏风在周朝就是严格划分上下等级的礼器之一，象征着周天子至高无上的地位。这些屏风一般并不陈设，只有诸侯朝觐、周天子宴饮宾客、举行射箭之礼、封建国家和策命诸侯时，才放置在王位后，象征周天子至高无上的权力与不可撼动的地位。《礼记·曲礼》记载："天子当依而立，诸侯北面而见天子。"《逸周书·明堂解》云："天子之位，负斧扆，南面立，率公卿士侍于左右。"《礼记·明堂位》记载古代帝王祭祀、颁布朝令和接受朝觐时需有一套显示身份地位的仪仗，疏屏便是其中一种，它是天子举行宗庙祭祀时摆放的带有雕饰的屏。西周后期，屏风的使用范围推及诸侯的宅邸、宗庙，但仍然存在礼制上的等级区别。比如，管仲想在自己的宅邸放置屏风，就被孔子批评为不知礼。

汉唐以后，随着屏风的使用越来越广泛，其象征尊卑等级的意义已经淡化了，相反实用功能不断强化，从最初的遮挡风寒、显示身份地位的作用，渐渐向理性和审美的功能发展。

遮蔽视线是屏风的一大功能。中国的传统文化非常推崇含蓄美，建筑设计比较忌讳一进门就将室内空间一览无余的状态。随着屏风的广泛使用，尤其平板大座屏的出现，人们就将原本安置在床榻背后的屏风移到了迎门处。这样既遮挡了人们的视线，又装饰了整体建筑环境。南唐时期还有一个有趣的故事，南唐中主李璟在宫中召见大臣冯延巳，冯延巳走到宫门不入，中主派人催他，延巳说门口有宫女站着，不敢随意进去。中主派来的人到门前一看，哪有什么宫女，分明是一幅出自著名画家董源之手的八尺琉璃屏上画的宫女。可见屏风立于迎门处在晚唐时就很流行了，这种做法一直流传下来。

　　隔断空间是屏风的另一大作用。中国古代建筑的功能划分并不十分明确，通常一个建筑就能兼具现代房屋中卧室、客厅、餐厅和娱乐室的功能。当然，不同的活动对于空间大小的需求是不一样的，这就需要利用屏风、幔帐等遮蔽性家具随时将室内的空间重新分配，起到隔离内外的作用。《史记·孟尝君列传》中曾记载，孟尝君接待客人，与人交谈时，屏风后会有侍者记录孟尝君和客人的交谈内容。《三国志·吴书》也记载吴景帝孙休在位时，每逢朝会，景帝都会用屏风把自己的座位与大臣隔开。另外，传统社会中的女子是不能出前厅见客的，必要的时候她可以躲在屏风后面，这既不违反礼仪，还能了解外面的情况，发表自己的见解。北宋著名诗人梅尧臣的妻子谢氏经常立于屏风后听丈夫与友人交谈，有时还发表自己的观点。苏轼的原配妻子王弗也是一位秀外慧中的女性，她也曾立于屏风之后旁听苏轼与客人的谈话，然后和丈夫讨论时事，臧否人物。另外，宋画《十八学士图》中有一立屏摆放在几案和床榻之后，几位大学士围着

佚名宋画

几案欣赏画卷，屏风后一妇人正在收拾一堆卷轴。这个屏风就将厅堂分隔成两个空间——男外在、女在内。

设置屏风还有一个重要作用，就是让人们在正式进入他人领域之前有一个可以驻足思考的空间。古代屏风包括放置在门后厅前的照壁，在文献中也被写作"罘罳"，这是重复思考的意思。《释名》中解释："罘罳，在门外，罘，复也，罳，思也。臣将请事，于此复重思之。"意思是来人进入门内，走到照壁前，可以在此稍作停留，对自己接下来的言谈举止做一个短暂的思考，以防出现差错。这种设计也与中国古代社会崇尚含蓄美，做人要讷言敏行，做事要三思而后行有关。

屏风自汉代始，不仅开发了各种实用功能，更展现了新的文化意义。汉代董仲舒"罢黜百家，独尊儒术"，一些出自正统儒家思想的用来训诫自身和后代的名言警句被奉为圭臬。屏风因为置于床榻周边，与日常生活紧密相连，因而成为题写名言警句、绘制圣贤名人画像的最佳处所。

在汉代，宫廷的屏风上就画着商纣王纵情声色、溺于酒池肉林的场面，用以劝诫帝王不可贪恋纸醉金迷的生活。魏晋时期，世家大族家里的屏风上常绘有在三纲五常、忠孝仁义等方面表现特别突出的古代贤者、烈女和孝子等人物，用以时刻提醒自己和子孙们

"见贤思齐"。从皇帝到大臣，朝野上下在屏面上书写警示训诫之句的情况蔚然成风。曹植也曾在《画赞序》中说绘画的功能主要是"存乎鉴戒"，所以当时的绘画不仅力求和欣赏者达到情感共鸣，而且要求能使欣赏者的思想也有所斩获。

初唐贞观年间，太宗李世民励精图治，充分吸取了隋朝二世而亡的教训，实行节俭戒奢的一系列制度。但随着政权巩固，太宗流露出了沉溺享乐的苗头，开国功臣魏徵为了劝告皇上施行节俭政策要有始有终，写下名为《十渐不克终疏》的奏章。一语惊醒梦中人，太宗对魏徵所言深以为然，下旨将奏章内容写在屏风上，时时提醒自己要勤政爱民。当时的名臣房玄龄也将《家诫》写在屏风上，给每个儿子都送去一幅，赋予屏风教化子弟的深厚文化内涵。中唐以后励精图治的两位皇帝也如法炮制，唐宪宗将前代英明君主和贤德大臣的事迹写于屏风之上提醒自己，唐宣宗也曾将《贞观政要》写在屏风上训诫自己。

唐宋以来，人们更加关注世俗生活，寄情山水，书画屏风不再以道德内容为主，而更多以山水花鸟人物为主题，反映出人们对美好生活的向往。这一时期，人们喜爱将山水花草和书法绘于屏风之上，如阎立本曾绘制冠绝古今的田舍屏风十二扇，画鹤闻名的薛稷也因在屏风上绘制栩栩如生的仙鹤而被传为美谈。又比如日本正仓院保存的唐代屏风中就有"花树对鹿"夹缬屏风，"花树对鸟"夹缬屏风，它们都是以自然景物为题，生动活泼。文人雅士的人文情怀通过在屏风上题诗作画得到了酣畅淋漓的表现。

宋代是一个注重理性的年代，尊崇自然和倡导秩序的"理学"由兴起到发扬光大，对宋代社会文化产生了深远的影响。文人士大夫阶层不断扩大并取得了相当高的社会地位。在山水画领域，名家辈出，屏风上也多以山水画为装饰。宋人潘阆和苏轼的故事就反映了北宋年间文人墨客喜爱山水画屏面的现实。

潘阆在洛阳以卖药为生，赚了钱就去今浙江杭州一代游山玩水，没两天钱花光了，就开始向上天祈祷天降元宝。有熟人碰见问他为什么沦落到如此地步，他说自己文人情怀作祟，不能安心做生意，想学古人寄情山水。熟人听后建议他放下身段，以卖字画为生重新凑本钱做生意，还赠他纸笔。当时大文豪苏东坡得了一架玉质的素屏风，不知屏面画什么才好，友人石曼卿建议他去洛阳看看名动天下的牡丹。苏轼在看牡丹时无意之中发现潘阆写的《酒泉子》一词，大喜过望，当即买下回去让石曼卿画钱塘江观潮图来配这首词，屏风制成后丰姿盖世，潘阆也因此有了钱可以

重新开始做药材生意。故事里的苏东坡喜欢形制高大
的屏风，故事外的他对形制小巧的屏风也情有独钟。
据说砚屏就是苏东坡和其他文人墨客为了镌刻墨砚上
的砚铭而发明的。在以苏东坡为首的宋代文人眼里，
屏风不再只是实用的家具，而是人文情怀的物质载体，
寄放着他们对山对水对花鸟鱼虫的情怀。

　　发展至明清时期，屏风已经成为精美的艺术品。
屏面一般画山水花鸟或写传世书法作品，成为文人争
相收藏的对象。唐代李山甫曾作《上元怀古二首》，
咏南朝末代皇帝因纵情酒色而亡国，明代开国皇帝朱

南宋《女孝经图》（局部）

元璋将其写在屏风上，以此劝诫自己不能骄奢淫逸。
清代的乾清宫，皇帝宝座后的髹金漆屏风上雕刻有"惟
天惟圣惟臣惟民"八字，时刻提醒帝王心系黎民百姓
和江山社稷。世家大族喜欢把家训写在屏风上，告诫
子孙后代谨言慎行。民间也将历史上赫赫有名的帝王
将相，或极具盛名的贞洁烈妇的事迹画在屏风上，在
传颂他们事迹的同时，也用于教化后代。

　　明清时期的屏风反映了中国传统"师法自然"的
道家文化。道家崇尚自然的思想，体现在明清时期的
屏风选材上。明朝时屏风用材考究，各种天然朴实的

仿古红木镶银丝六美图曲屏

木材都被用于屏风的制作，工匠充分利用木材的颜色和纹理，在制作中善于发现木材的本质美，充分利用交错的纹理和断面的聚合，无须太多打磨便能获得质朴简洁的屏风佳作。除了木头外，大理石纹理华美，白底墨纹颇似水墨山水图，故在清代为工匠和世人所看重，那些具有成型花纹的大理石经常被直接用来制作屏风或镶嵌于屏心。清代早期较为流行的大理石屏心屏风，在《红楼梦》《花月痕》《泪珠缘》等小说中都可见其身影。

《泪珠缘》第四十六回里描绘了秦府里的年轻人拿屏风作对子的故事。一日府里的老师陆莲史看到叶魁在桌前沉思，走近一看桌上放着一张上书"屏风"二字的纸，便知道叶魁是对对子遇到难处了，于是便

清代红木雕花镶嵌缂丝绢屏风

叫女主角秦宝珠也来作对子。刚开始宝珠和叶魁都没
什么好主意，过了一会儿叶魁对了个"灯火"，老师
不满意。又一会儿，他又对"遮阳"二字，老师还是
摇摇头，觉得这不是一件器物。叶魁解释说他把"屏"
字当"屏谢"的"屏"字讲，老师表示这还差不多。
忽然一伙年轻人都有了主意，秦琼对了个"宝星"，
老师觉得不错，刚要去拿笔记下来，宝珠又说可以对
"漏斗"，"漏"是器皿，"斗"是天文，老师也很
满意，便写在纸上，嘴里还对叶魁说，对对子要想得活，
才能对得好。这个场景向我们展示，屏风已经深入明
清时期大府人家的日常，连吟诗作对都能以此为题。

　　明清之际的园林仕女图螺钿屏风是当时一扇较为

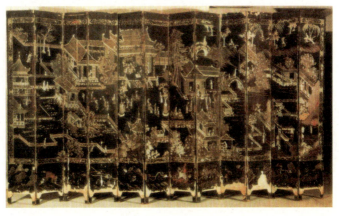

明代仕女图螺钿漆屏风

精美的屏风，12 扇屏风描绘了身处秀丽园景中的各色仕女，情态各异，相得益彰。清代人们喜爱盛开的百花，灵动的鸟雀，生机勃勃、富有生活情趣的图案。如清代中期的紫檀木雕云龙纹嵌玉石座屏风，屏分五扇，正面屏中静开的花朵与翻飞的鸟雀相得益彰，给人一种欣欣向荣的感觉。

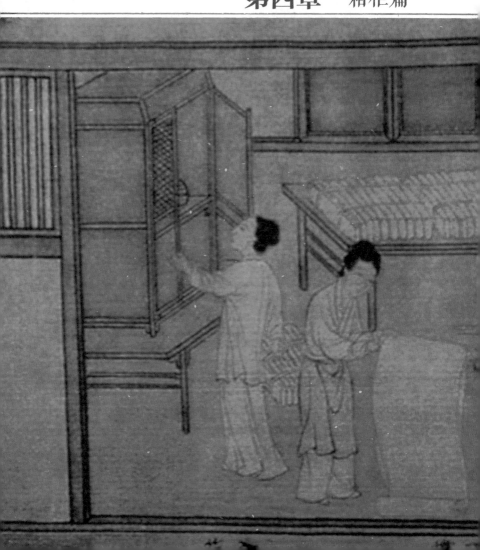

在古典家具的五大系列中，作为存储之用的箱柜，不但是人们生活中不可或缺的器物，也是最神秘、最能引起人类好奇心的家具。它通常陈放在内室，外人无缘与闻。只有在新娘出嫁的时候，它才会招摇过市，让人一饱眼福。陪嫁箱柜的豪华奢侈与否，代表了新嫁娘身后家族的强大与否。那描金朱漆的大红箱柜装了些什么珍珠宝贝，颇费人心思去揣测。当然，在古往今来、跨越千年的与箱柜有关的故事中，最为人津津乐道的莫过于那个被风尘奇女子杜十娘沉入江底的百宝箱了。明代作家冯梦龙在《警世通言》中这样描绘：箱内匣箧相掩、重重叠叠，藏有千种奇珍、万般异宝。一个小巧的、可以捧在手里的、承载了杜十娘一生爱恨的箱子如何能装进去这么多珠宝呢？我们的古代工匠在箱柜的设计和制作上又花费了怎样的心思？这当然还得从头谈起。

# 一、从礼器到存储——箱柜的出现与发展

箱柜是起源最早的家具之一。在人类的渔猎时期，我们的先民每日打鱼狩猎、居无定所，工具、衣物和食物都要随身携带，他们用树枝、木片、竹篾等编制成一个一个筐篮，将所需物品置于其中，这就有了箱子最早的雏形。进入农业定居文化以后，聪明的女人们发明了制陶业，开始用陶篮存储物品。我国甘肃就出土有史前的陶质筐篮模型，这种储物筐篮是最早的简易收纳箱的形态，既方便又实用。进入文明社会以来，尽管各类木质家具不断推陈出新，但时至今日，这种古老的收纳物用的方式依然存留于日常生活之中。

我国木制家具的出现最早可上推到4000多年前的龙山文化。1983年，山西襄汾陶寺龙山文化遗址出土了一大批彩绘木器，其中便有"匣"器，这应该就是最早的箱子了。夏商周时期是中国文明的草创时期，也是古典家具的起源时期，五大系列中的四种全出现在这一时期：席是床榻之始；俎、几是桌案之始；禁是箱柜之始；扆是屏风之始。夏商周时期，尤其是

商朝，中国的青铜文明非常发达，不但拥有着高超的铸造技术，同时也拥有不同凡响的审美趣味。源自原始时期的宗教信仰在此时被礼仪化、制度化，凡事无论大小皆要向神请示，因此在先民的日常生活中，宗教祭祀活动占有着至高无上的地位。为了表示对神的敬重，不但最好的食物要献给神，最好的器物也要献给神，于是所有的器物被分为祭器与养器两类。《礼记·曲礼》中便写道："凡家造，祭器为先，牺赋为次，养器为后。"祭器即为祭神之器，也就是礼器。养器就是日常生活中所用之器具。诸多礼器之中有"禁"，举行祭祀时用于盛放酒器，为长方形，中空无底，造型浑厚，纹饰多为恐怖的饕餮纹，形制极似后世的箱柜——这便是箱柜之祖。

除了礼器之外，当时应该有用于存储的器具存在，也就是所谓的"养器"。这就是"笥""箧""匣""匮""椟"等。《尚书》记载武王病得很重，占卜一问，原来是祖先想叫他去侍奉，周公遂向祖先请求代武王去尽孝，然后"纳册于金縢之匮中"。这个"金縢之匮"就是用青铜制作的小箱子。《国语》中还记载夏朝末年，有两条龙飞到了夏宫之中，对这两条龙如何处置，是杀还是留，占卜都不吉利，最后占卜的结果是将龙涎（唾沫）留下才吉利，于是夏王举陈玉帛而祷，

请二龙留涎，二龙留下龙涎后便飞去了，夏王将龙涎
"椟而藏之。"此处的"椟"用以存放龙涎，因而必
定体制小巧。这些器具可能都很小，形制也都差不
多，所以分的不是太清，许慎在《说文解字》中便以
"柜""椟""匣"互释，说明"匣柜"不分的情况
一直持续到汉代。

　　春秋战国以后，神圣的祭器得以进入人们的日常
生活，加之生产工具不断改良，又出现了一些像鲁班
这样的能工巧匠，箱柜等家具的制作技术突飞猛进。
这个时期木漆器很流行，各地出现了技艺精良、"逾
越礼制"、大小不一的箱柜，并被用于不同的地方。
目前所见最早的古代实物衣柜出土于湖北随县擂鼓墩
战国早期的曾侯乙墓，一共有五件，衣柜呈扁平长方
体，与今日的小旅行箱的大小差不多，制作极为精美。
衣柜的左右及上部均有把手，上盖可以打开，顶盖呈
弧形，柜体为菱形。这种形制蕴含着古人天圆地方的
宇宙观。柜体四周及顶盖均绘有图案，有一件衣柜上
画的是二十八星宿图。此外，柜体内外漆色亦完整统
一，表现了古人对于天体运行、四时四方的认知。小
小衣柜如此精美，且包含了深厚的文化讯息，实是令
人惊叹！

　　此外，河南信阳长台关战国楚墓出土的文具小柜、

湖北江陵拍马山楚墓出土的彩绘漆盒和素面漆盒，都是战国时期存储类家具的精品。当时的漆器工艺有多精美，从大家熟知的"买椟还珠"的故事就可以感受到。

战国曾侯乙墓出土的漆箱

据《韩非子》一书记载，有一位楚国商人到郑国贩卖珍珠，为了卖个好价钱，他定制了精巧的椟（小盒子）装这个珍珠。令人哭笑不得的是，郑人竟然一眼看上了椟，花十万金买下，回家打开盒子，发现里面还有颗珍珠，于是将珠送回。这个椟究竟如何精美，能使郑人对珍珠视如不见呢？《韩非子》写道："为木兰之柜，薰以桂椒，缀以珠玉，饰以玫瑰，辑以羽翠"，可谓精美绝伦。单从色彩而言，珍珠是不如这个小盒子更能吸引人的眼球的。

秦汉之后，社会由分到合，汉武帝的"罢黜百家，独尊儒术"，使得社会的思想文化渐趋统一。受此影响，家具制造也走上了系统规划的道路，粗略形成了体系。

当时"箱""柜"并不连称，而是各成系统、各有所指。"箱"在先秦专指古时车内存储物品的空间，如《左传》中所说的"箱，大车之箱也"，"柜"与"匣""椟"是一个意思。到了汉代，"柜"仍可以与"匣"等混称，但在实际上它们的形体和大小已渐有区别，形制较小的称为"匣"或"匵"，例如东汉光武帝在建武中元元年大赦天下时择吉日刻的玉牒书便是"函藏金匮，玺印封之"。这个收藏玉牒书的"匮"自然是形体小巧的，而与"匮"相区分稍大型的则为"柜"。

　　自汉至唐，"柜"的形制与我们今日的箱子相似，基本上为扁平长方形，且为上开门。若是小型的"匣""匮"则无足，若为稍大型的"柜"则会有足，河南陕县刘家渠汉墓出土的仿木制绿釉陶柜便有四个扁足。为了存物方便，汉代的柜内还设有隔板，陕西潼关吊桥乡杨氏墓出土的东汉仿木红胎绿釉陶柜，柜

汉代绿釉钱纹陶钱柜

内后壁便安有两层架板。有的箱柜还加有保密设施，如河南灵宝张湾汉墓出土的彩釉陶柜设计就很巧妙，柜下四兽足相托，顶盖加锁，但顶盖上有可以活动的小门，以方便日用。这个箱子的形制说明汉代人们已经用柜存储一些贵重或者私人的物件了。因为儒家的文化与充满宗教色彩的商代青铜文化不同，所以汉代箱柜上的纹饰趋于简单、素朴，这些出土的仿木陶柜只在正面与顶盖上有简单的圆形纹饰而已。

因为两汉时代的人们仍然采取席地而坐的生活方式，以跽坐为主，因此此时的家具，无论是几案、屏风，还是箱柜、床榻，都是低矮型的。所以，虽然柜匣开始有了大小之别，但整体说来仍以较小为主。除了箱柜外，汉代还有两种竹篾编成的箱子，分别叫"箧"和"笥"。"箧"是盛放衣物的，"笥"则盛放更小的物件。两者均为长方形，与后世箱子并无多少不同。明人李渔总结道：

战国漆器竹笥

"箱笼箧笥，随身贮物之器，大者名曰箱笼，小者称为箧笥。制之之料，不出革、木、竹三种；为之关键者，又不出铜、铁二项，前人所制亦云备矣。后之作者，未尝不竭尽心思，务为奇巧，总不出前人之范围；稍出范围即不适用，仅供把玩而已。"他认为箱子的主要目的是实用，若讲精美奇巧，就成了赏玩的物件。这就解释了为什么出土了那么多的漆器，然而到目前为止，却没有见到一个比较大的漆箱的原因。

　　魏晋南北朝以来，箱柜发生了较大的变化。一是"箱"被从车上解放了出来，渐渐与"柜"合流，这与五胡乱华，南北分裂，社会动荡不安的局面有关。社会动荡，流动增加，为了随身携带行李方便，人们便对载于车上的"箱"加以改造。这时的箱除了用于储藏之外，还会用于流通。据史书记载，曹操在兖州任上时上书皇帝，说山阳郡的梨很好吃，于是派人送"甘梨三箱"献给皇上。箱在这里成为盛载贡物的器具。二是出现了箱柜的孪生姐妹——橱类家具。橱类家具由汉代的双层几发展而来，山东沂南出土的汉代画像砖便有这种双层形态的几。随着生活的多重需要，双层几被不断改进，人们在它的左右及后面加上了围板，前部再装上能开合的门板，便成了"橱"。橱不但可以安置书籍、衣被、食物等日常用品，而且通风也比较好，物品不易受潮，加上开门取物方便，因此更受人欢迎。

南北朝时期，上层贵族浮糜奢侈之风甚重，皇族生活更是如此，其豪奢程度连出身于琅琊王氏的王敦都自愧不如。据史载：王敦刚和公主结婚时上厕所去方便，看见厕间有一个漆箱，里面放着干枣，他以为公主上厕所也要吃东西，于是将枣吃光了。其实是公主用来塞鼻防臭的。桓温是南北朝的首富，有权又有钱，他的女儿死了，陪葬了很多金银珠宝，后来有人盗墓，"得金巾箱、织金簾"和金蚕银茧等物甚多。受这种风气影响，箱柜的装饰也朝奢侈的方向发展，除了用珠宝、金银进行装饰外，还有使用象牙雕刻的。浮糜之风连一些大臣都看不惯，据《南齐书》记载，有人"上表禁民间华伪之物……不得作……牙箱笼杂物"。

# 二、箱中天地、柜里乾坤
## ——箱柜的定型与完善

　　进入隋唐之世，社会回归稳定，政治经济文化再度一统，开放包容的盛世文化促使了家具制造工艺的发展。这个时候，中原一带的胡化倾向很明显，不但穿胡服、吃胡食，而且也开始时兴胡坐，即人们已经由席地跽坐渐渐转向垂足高坐。生活起居习惯的改变，必然促进家具形制的变革。几案增加了高度以便与椅子相配，屏风与床也增加了高度以便与人的日常活动相配。以储物为主的箱柜在这场变革中也发生了剥离，一部分"站"了起来，一部分依然卧着。站起来的称为"竖柜"，没有站起来的称作"卧柜"。竖柜采用晋代橱式家具前部对开门的启合方式，卧柜则保留了汉代上开门的方式。后世的柜类家具基本上承袭了唐代"竖柜""卧柜"这两个系统的特点。

　　"竖柜""卧柜"系统不同，其形式与功能也不相同。竖柜是唐代高型家具的代表，形制比较高大，容量也很大。唐玄宗与宫廷艺人李龟年都善打羯鼓，玄宗自负技高一筹，问李龟年打烂过多少鼓槌？李龟年回答说打烂了五十枚，玄宗得意地笑了："你赶不上我，我打烂的鼓槌能装满三个竖柜呢！"这种竖柜在唐代上层社会使用较多，据《旧唐书》记载，大臣杨慎矜被人诬陷，卢铉与御史崔器带人抄家，什么也没有找到，就拷问他的小老婆韩珠团，最后以杨"在竖柜上作一暗函，盛谶书等"作为罪证。这个竖柜大概到人的腰胸部，所以伏在柜上伪造罪证比较顺手。竖柜不但容量大，而且开合方式也很便捷，习惯用它来储放日用杂物，有条件的则多做竖柜，分门别类蓄存杂物，因此有了茶柜和书柜等专门柜。大诗人白居易既爱收藏图书，又喜欢饮茶，他的诗中便有"斑竹盛茶柜，红泥罨饭炉""破柏作书柜，柜牢柏复坚'之句，说明他的家里有茶柜也有书柜。

唐代三彩钱柜

　　相比之下，卧柜低矮扁长，且上开小门，内部空间相对隐秘，因而往往用来储藏值钱的东西。西安王家坟唐墓出土的三彩钱柜便是卧式柜。因其储存的物品值钱，所以卧柜一般都会加锁；因为锁形细长，所以被人称为"象鼻"。大一点的卧柜也有他用，比如同昌公主出嫁时就有一金银装饰的食柜，可能为储存食物之用。虽然卧柜与竖柜有诸多不同，但同为柜类家具亦有相通之处，它们之间的规格大小并不作比对，卧柜与竖柜大小都按容量单位计算，各有不同的容量，分别有两石、五石、七石、十石、二十石、三十石不等。唐代的柜远比汉代完备。

　　唐代无论竖柜还是卧柜都有柜足。与前代不同的是，唐代出现一种形式类似棋局而被称为"局脚"的柜足。局脚出现于魏晋南北朝时期，一般用于床，而且是高级豪华的床。这种床在唐代壁画中会经常见到。不过，局脚柜较为少见，多用于上层富贵人家，日本正仓院所藏唐柜便为局脚柜。此外，唐柜的形制也并非一成不变，可以按人们的需求定制。《旧唐书》记载官僚王怀贪得无厌，收受贿赂，又怕人看见，便定制了一种无门大柜，仅开一窍，藏金宝于其中。

　　唐代的箱一般由箱身箱盖两部分组成，看起来像是两部分合成的，因而称"合"。它与卧柜形似而实不同，因为柜子无论是竖还是卧，都要在柜上开门，就像是在柜体上开了一个口子，因而称"口"。自从车上解放下来后，箱便愈趋简便轻巧，除了用于运输之外，在家庭中主要用于收纳衣物。武则天在感业寺出家时曾写诗给高宗皇帝："不信比来常下泪，开箱验取石榴裙。"箱也用于收藏珍贵之物。史载李世民在晋阳时曾得到一个玉龙，而龙在古代是帝王的象征，这要是传出去可不得了，"文德皇后常置衣箱中"，以防被人看到。

唐代箱柜的装饰工艺很讲究，体现了盛唐繁华富丽的气象，所用材料非常广泛，而且都是珍贵材料，

唐墓壁画《二人抬箱图》

动物性材料有象牙、犀牛角、兽皮、珍珠、玳瑁、珊瑚等；植物性材料有白檀、柏木、沉香木、樟木、桑木、樱桃木等；矿物性材料有金、银、铜、锡、玛瑙、翡翠、水晶等。陕西省扶风县法门寺地宫出土的孔雀纹篆顶银箱是唐代箱柜杰出的代表。该箱高10厘米，长12厘米，宽12厘米。工艺精湛，装饰极为华丽。盖与箱身扣合，正面有锁钮，背面联结箱盖与箱身的是两格被凿平的有花纹的杏叶形状的钩环。箱的正面是一对立于莲座上振翅扬尾的孔雀，周围衬以花鸟流云。盖顶的忍冬花纹也有花鸟流云为衬。箱的侧面与背面则饰有童子戏犬、鸳鸯、折枝莲蓬等图案。此外，

唐代银质百宝嵌珠宝箱

唐代还有用玉、象牙、玛瑙等高级材料制成的箱子，这些箱子都非常名贵，装饰亦很漂亮，是上层贵族使用的物品。唐武宗会昌初年，渤海进贡了一个玛瑙柜，正方体，约三尺大小，颜色如茜，做工奇巧无比。唐武宗好神仙，则"用贮神仙之书，置之帐侧"。

当然了，这些制作精美，用料珍贵，精雕细刻，镶银缠金的箱子都是上层社会的奢侈品，大多数也属于把玩性质。日常所用盛放衣物的箱子通常称作"衣箱"，专门用于放头巾的小箱子叫"巾箱"，"衣箱"和"巾箱"大都用普通木材，或者是竹藤柳条所制。在唐代以柳箱最多，连正史中都颇多记载，很多做了大官的人出门时携带的都是这种用柳条编的箱子。

宋代社会经济和文化都非常发达，但是军事上并不强大，加上始之宋初的重文轻武政策，使得整个社会都呈现内敛和理性之气。反映在家具的制作方面，唐宋两代虽然造型变化不大，但气质风韵却有明显不同。唐代的家具无论体制大小，总有一股厚重沉朴的敦实唐风，而宋代家具则清秀雅致，很有彬彬君子风范。柜类家具整体造型大多简约秀气，简练明畅，讲究比例协调，内部构造要求简单精致。《五学士图》画有一个外呈方形的大型书柜，柜门对开，可以看见柜内分格，格内置有书籍、画卷及其他物件。整个柜

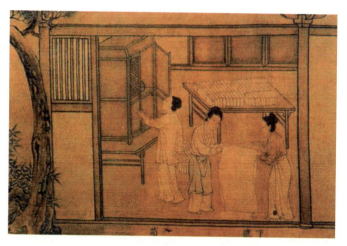

宋代《蚕织图》

面又糊以纸绢，呈半透明状，柜门亦较小，整体比例合理适当，做工精细，极具雅致之风。《蚕织图》所画一柜也是线条简洁明快，装饰简单却显秀雅。值得注意的是这两个柜子都立在案几上。

宋代，橱类家具进一步分类细化，有了衣橱、书橱、食品橱之别，并且在造型设计上亦有精致的改观。其表现之一就是橱与案结合，出现了抽屉橱。周密的《癸辛杂识》记载李焘在写《续资治通鉴长编》时为了整理归纳资料方便，作了十个木橱，每个木橱作二十个抽屉匣，抽屉上面以"甲子志之"。在这个基础上，宋代橱与桌案结合，橱面似案，有翘头案式与平头案

式之别。下装抽屉,有一屉、二屉、三屉、四屉等多种,
后三种分别称作二橱、三橱、四橱。若有一屉,则下
面开门;二屉、三屉、四屉则否。案与橱的结合非常
符合宋代的雅致之风。

　　表现之二就是抬箱的出现。抬箱是一种外出游玩
时便于携带的用具,在宋代极为常见。它是由宋人爱
好郊游的风气催生的,可以说是今日旅行箱的鼻祖了。
沈括在《忘怀录》中写道:宋代人喜欢游山玩水,但
又讨厌人多嘈杂,无法安静舒适地享受美景,于是发
明了一种抬箱,吃的用的东西都放在里面,"共为二

宋代龚开《钟进士移居图》

肩，二人荷之，操几仗持盖，杂使三人便足矣"。既
满足了旅行携带物品的需求，又不需要很多人跟随照
应，方便之极。宋人绘画中多有抬箱形象，如刘松年
《西园雅集图》中的是竹藤抬箱，由箱体和箱盖两部
分组成，顶盖下有两层抽屉，箱下带有矮足，箱中有
横梁以便穿杠抬运。河北宣化辽墓壁画《童戏图》中
还有一种六层食箱，该箱每层都有铁制或铜制的环形

河北宣化辽墓壁画《童戏图》

与箱体相连作为提手，四角还有铜片作造型为饰，这种多层拓展存储功能的箱子都是由抬箱而逐渐衍化而来的。因为抬箱主要用于外出使用，故而又被称作"行箧"。

宋代的箱子里竹箱很多，许多抬箱明显是竹箱，六层食盒很可能也是竹箱。这种用植物做成的箱子虽然不值钱，但也可以制作得非常精良，成为赏玩之物。据《癸辛杂识续集·公主添房》记载，理宗的女儿周汉国公主出嫁，权贵们都进献礼物给公主陪嫁，俗称"添房"，大多为"珠领宝花、金银器之类"。但是平江发运使别出心裁，献了一百只螺钿细柳箱笼和其他财物。理宗一见大喜，后来听说是一个姓姚的人出的主意，"遂赐金带一条"。柳条虽不高档，但在上面镶嵌五彩斑斓的贝壳，则显得与众不同、饶有趣味。

柜类家具虽然在唐代已形成两个系统，但"柜"的称谓仍与"匣"互用，比如徐浩《古绩记》记载："武延秀得帝赐二王真迹，会客举柜令看"中的"柜"便是"匣"形的器物，而非"竖柜"或"卧柜"。宋时，"柜""匣""箧"在称谓上已经明确分野，戴侗在《六书故》中写道："今通以藏器之大者为柜、次为匣、小为椟。"然而有意思的是，"箱"却开始与"匣""箧""椟"等混称，如石介在《圣德颂》

中就称"至今谏疏，在于箱匣"。与"箱匣""箱箧"
相伴而生的还有"箱笪"，功用完全一致，只不过方
者为箱，圆者为笪。

　　除了木制箱柜外，宋代还有其他材质的箱柜。材
质不同，称谓也就不同。竹箱称为"韦箧"，皮箱称
为"革箧"；从功用上讲，还有书箧、香箧、衍箧、
巾箧、诗箧等诸多门类。江苏武进宋墓曾发现过一个
镜箱，箱上开盖，下有平屉，屉内有可支起并放下的
铜镜支架，平屉上还有抽屉两具。这应该是发现的集
箱柜与梳妆为一体的家具了，小可称之为梳妆盒，大
也可称之为梳妆台。总之，箱子种类的细化，是宋人

南宋镜箱

对生活情趣的细致追求的结果。

唐宋两代，箱柜类存储家具从横向纵向两方面得到了开拓与细化，不仅形体系统完备，内部储物功能亦十分完善。世上的千万物事，从吃的到用的，都可纳于箱柜之中，既可防尘，又能使环境整齐干净，造型美观的箱柜还可美化装饰居室。因为箱柜深藏内室，又被用于收藏奇珍异宝，故带有些神秘色彩。社会动荡时期，大户人家的密室暗道就往往建于箱柜之后。依托柜的形制，宋代还出现了中国最早的石油喷射器——猛火油柜，《三国演义》中诸葛亮七擒孟获时所使用的"红油柜车"便是以此为原型而编创。唐宋时期的箱中世界、柜里乾坤于此可略见一斑！

# 三、从秀雅到繁复——箱柜的成熟与鼎盛

明清时期，古典家具的制作也进入了繁荣时期，箱柜家具的生产从制作工艺到装饰手法都达到了顶峰，而且箱柜的种类和用途也达到成熟与完美。这个时期，人们开始将"箱""柜"合称，不再分彼此了。明代小说《东西晋演义》称晋惠帝的皇后贾南风好面首，便"使宦竖以箱柜装少年入"；清代的《红楼梦》中描写司棋大闹小厨房，说的便是"凡箱柜所有的菜蔬，只管丢出来喂狗，大家赚不成"。不过在明清时期，箱柜最为人看重的功用是收藏金银细软和私密之物，一般被藏置于卧房之中，且都要上锁。《金瓶梅》中的西门庆家资钜亿，但家中的银钱几乎都被大娘子吴月娘锁在了上房里的大箱子中，每次取用都要由吴月娘亲自开锁。李瓶儿嫁西门庆时，将家中财物，如蟒衣玉带、帽顶绦环、提系条脱、值钱珍宝、玩好之物，装入四口描金大箱子，尽数交给西门庆趁夜搬梯子从墙上递了过去。《红楼梦》写王熙凤带人抄捡大观园

清代梓檀嵌影木圆角柜

时，贾探春怒道："先来搜我的箱柜，他们所有偷了来的都交给我藏着呢！"说着便命丫头们把箱柜一齐打开，将镜奁、妆盒、衾袱、衣包若大若小之物一齐打开，请凤姐去抄阅。箱柜主要功能转为藏纳财物私帑之后，其他日用物品的储放则由橱格类家具承接。为提高功用，橱格类家具的体制在明清时期亦得到了改进与完善。

明清的柜类家具有圆角柜、方角柜、两件柜、四件柜、亮格柜等多种，堪称是明清古典家具的代表。圆角柜是储物大柜，以其柜顶的转角呈圆弧形而得名。圆角柜的柜顶前、左、右三面有小檐突出，名曰"柜帽"。柜顶转角呈圆弧形，柜的柱脚也做成外圆内方，四框与腿足不分开，各以一根圆料制作而成，四足外侧，柜体上小下大作收分。柜门转动采用门枢结构，有两门的，也有四门的，四门圆角柜靠两边的两扇门不能开启，但可摘装。门栓和门边均钉有铜质饰件，可以上锁。圆角柜多用较轻木料制作，外表先上一层麻灰色，再刷一层红漆。尽管采用轻质木料，但因形体高大，又加上表面漆灰较厚，重量仍很大。虽然通体光素，不加任何雕饰，但设计合理的比例和线条本身就有一种高雅的格调，摆在家中会起到良好的烘托氛围的效果，一直为文人雅士所喜爱。

　　方角柜基本造型与圆角柜相同，不同之处是柜体垂直、上下同大、四角见方、没有侧脚，一般门与柜体以合页结合。方角柜小、中、大三种类型都有。小型的高一米有余，也叫炕柜；中型的高约二米；大型的一般不到三米，也有三米以上的。方角柜有无顶柜和有顶柜两种形制。小型的均有顶柜，中型的大多无顶柜，大型的基本上都有顶柜。方角柜由上下两截组成——即在一个方角大立柜顶上再放一节小柜，下面较高的一截叫立柜，又叫竖柜，上面较矮的一截叫顶柜，又叫顶箱，上下合起来叫顶箱立柜。顶箱和立柜的制作工艺及风格一致，看上去宛如一体，不用时可取下独立成件。因为它由一大一小两节柜组合，故俗称两节柜。这种家具通常成对陈设，有时还并列安置，形成四件柜子的组合，故又称四件柜。凡无顶柜的方角柜，古人称为"一封书"式，言其方方正正，有如一部装入函套的线装书。

明代亮格柜

亮格柜出现在明代万历年间，集柜、橱和格三种形式于一体，是书房中典型的家具。通常上层是格架，与人齐肩或稍高，用以陈放古董器玩；下层为对开柜，用以存放书籍，中间平添二或三个抽屉，又有橱的功能。匠师称上部开敞无门

的部分为亮格，下面有门的部分为柜子，合起来就是
亮格柜。亮格柜重心在下，放置稳定，兼陈置与收藏
两种功能，将实用与风雅美观有机地结合在一起，很
受当时文人士大夫和官宦好古人士的欢迎。亮格柜上
层的亮格有单层与双层之别，因为单层不太实用，故
而流传不多。亮格柜还有一种比较固定的样式，即上
为一层亮格，中为柜子，柜身无足，柜下另有一具矮
几支撑着它，此种柜子在明万历年间非常盛行，称为
"万历柜"或"万历格"。明式亮格柜上格部分多四
面透空，而清代亮格柜则将左右及后面用板封死，格
下的抽屉和柜门多有刻繁丽的花纹，镶嵌螺钿、象牙
或兽骨，虽然看起来极为富贵豪华，但不如明式柜格
亮丽大方。

　　明清时期的橱类家具可分为桌式橱与案式橱两
种。桌式橱没有侧脚和收分，或有侧脚也不明显，光
凭眼看很难分辨。案式橱的板面比橱身长，四框的立
柱和腿足一木贯通，有明显的侧脚和收分，分为平头
和翘头两种。桌式橱与案式橱在明清两代居室陈设中，
都是很普遍的家庭用具，常见的有衣橱、碗橱等。闷
户橱是明清橱类家具的代表，出现在明代，兼具承置
物品和储藏物品的双重功能。其外形如条案状，与一
般桌案高度相当，上面可作桌案使用。桌面下设有抽

明代三联橱

屉，抽屉下还有被称作"闷仓"的箱体，可以用来储藏物品，但需要将抽屉取下。两个抽屉的闷户橱称连二橱，三个抽屉的称连三橱，四个抽屉的称连四橱，非常具有实用价值。闷户橱大多以黄花梨木、紫檀木、红木等优质硬木制成，流行于北方。

由橱类家具演变而来的架格和柜格在明清时期大放异彩，成为明清家具中最具特色一种家具。架格以四根立柱为足，中间用横板分隔成数层，其上可陈置、存放物品。因为多用来摆放书籍，也常被称为"书架"或"书格"。有的架格本身无足，用两个小几做腿，把架格支起，这可以说是架格的一种变体。柜格是将柜和格结合起来，上部为格，用以陈设文玩器物，中

清代架格柜

间有两或三个抽屉，下部为柜，可以贮存物品。抽屉
高度约到人胸际，方便人开启取物。明式架格一般都

高五六尺，大约 167 厘米到 200 厘米不等，大多四面透空，从上到下都是通长的格板，制作有简有繁，既增加使用功能，又不破坏透空的艺术效果；清代架格则将左右及后面用板封死，抽屉和柜门多刻上繁复的花纹，有的花纹还带有明显的西洋风格，构思独特，工艺精湛。雍正之后，开始流行用横、竖板将空间分隔成若干个高低不等、大小有别的格子，产生错落有致的美感，专用来陈放文玩古器的架格，被称作"博古架"或"百宝格"，放在书房、客厅，非常雅致。低矮的架格或称"矮书架"，略高于桌案，通常临窗台摆放，靠墙或落地放置，上面陈设花瓶、文玩，或在上空的墙壁处悬挂书画。清制矮架格多为木制的或漆木制的，大都有竖格，纤巧繁缛，不复有明式意趣。

　　明清箱子承宋代风雅的生活意趣发展而来，不但制作更加精美，而且种类丰富，功能更为齐全。为了适应不同的场合，还出现了一些制作考究、精巧美观，且有特定命名的小型的箱、匣、盒等，用于婚嫁和各种社交场合。明代的"官皮箱"由南宋镜箱发展而来，是奁具类家具，用于婚嫁。官皮箱顶上开盖，下有平屉，两扇门，门后有抽屉，分列三层，底有台座。官皮箱髹饰方法多样，如剔红、雕填、百宝嵌等，造型大同小异，纹饰则多与婚嫁有关，如喜上梅梢、麒麟送子等。

杜十娘的百宝箱大概与此相近，只是做工更巧妙。匣、盒形制更小，是社交用具，人与人互相拜访引荐之时，喜用拜匣，匣内置礼品或柬帖，以彰显主人身份，制作也往往十分精细，材质丰富，外部也有精美雕饰，主要有提盒、拜匣、都丞盒等。传世的有个明代黄花梨拜匣，小巧玲珑，边角有铜包角包边，加有铜锁，形制虽然简单，却典雅大方。

明代黄花梨官皮箱

　　无论是明代造型的简洁大方，还是清代装饰的繁复，箱柜橱格类家具的功能都已各有专司，形制也依照人体需求而加以改进，装饰手法从晚明至康乾盛世，花样繁多，漆花、镂雕、描金、镶嵌、戗金、填彩，诸法皆备，工艺精湛，极尽奢华之能事。总之，自夏商礼器中的"禁"到汉魏矮型箱柜，再到唐宋高型箱柜，中国古典家具完成了它从神圣到世俗、从神秘到实用、从简单到复杂，充满戏剧性特点的生命历程。

# 四、千年画卷——箱柜上的民俗

在古典家具的五大系列中，箱柜类是比较特殊的一类，虽然它与几案、床榻、屏风一样都是从礼器发展而来，但是由于它的实用性更强，所以当礼崩乐坏之后，很快就成为人们居家生活的日用品了。又因为它深藏内室，不用于社交场合，所以礼制的烙印很少打在它的身上。在它的使用过程中，人们往往不拘礼俗，在箱柜的制作和装饰中倾注了更多的感情色彩。与其他家具相比，箱柜虽然不如椅凳、几案变化多端，不如屏风风雅迷人，也不如床榻端庄大气，但在装饰上具有得天独厚的优势，它既有四面箱体，又可以有立柱支撑，还可以和几案结合，所以它可集各种家具装饰特点于一体，既可在牙子、腿足等处进行雕饰，达到画龙点睛的效果，又可在箱体上用髹漆、镶嵌、描金、雕刻等各种手法进行大面积的装饰，所以箱柜更加集中地展示了古典家具的装饰技术与精致艺术的成果。透过这些风格各异的装饰艺术，一幅跨越千年

商代青铜器上的纹饰

的民俗风俗画卷随着历史的进展而徐徐打开。

商周时期青铜文化发达，青铜工艺非常精湛，不论是鼎、鬲（lì）、甗（yǎn）、盨（xǔ），还是簋（guǐ）、簠（fǔ）、敦，上面都铸有精美的纹饰。这些纹饰既有菱形、方块、三角等几何纹，也有云雷纹、饕餮纹、龙纹、凤纹等多种。这些精美的纹饰来源于古人对自然界的探索与追求，并与他们对自然和社会的认识以及宗教结合到一起，故而显得凝重浑厚、庄严肃穆，有一种神秘而狰厉的美感。毫无疑问，在青铜器中使用的这些纹饰与祭祀的氛围非常协调，表现了先人对冥冥之中那些神秘的未知力量的恐惧和向往。

到了春秋战国时期，社会生产力快速发展，青铜工艺出现了金银错的镶嵌技术，而漆器工艺也发展到相当高的水平。伴随着精美漆器的出现，木漆的箱柜出现了，且越来越多地在日常生活中起到收纳的作用，渐渐与作为礼器的"禁"分道扬镳。不过，虽然维护宗周封建等级的礼仪已经被破坏，但是"男主外、女主内"的社会分工并没有变化，"男女有别""男尊女卑"的礼制并没有随之崩坏，"男女有别"依然是日常生活中的一个准则，箱子的使用便是其中之一。成于战国时代的《礼记》一书有《内则》篇，专门记载先秦时代贵族妇女的家庭生活，里面就讲妻子的衣物不能挂在丈夫的衣物上面，也不能放到丈夫的箱子里。丈夫出远门了，就要把丈夫所用的卧具、衣物收起来，放到箱子里去。"少事长，贱事贵，咸如之"。这恐怕是"禁"走下神坛进入世俗生活以后，最早的能与礼仪扯上关系的内容之一了。

　　战国漆器制造主要以木材为原料，采用斫、挖和雕刻等方法进行美化和装饰。花纹图案上承青铜时代，但其风格特点又发生了变化，神秘色彩渐渐消退，代之以亲切自然的氛围，反映了古人对自然认识的加强。除了有菱形、方块、三角等几何纹饰之外，点纹、目纹、涡云纹、圈点纹、夔纹和龙凤纹更多。花纹精细流畅，配以漆器的制作工艺，显得绮丽无比。由于楚国纬度较低，气候温暖而湿润，境内拥有丰富的漆树资源，又与南方各部族文化长期交融，所以楚国漆器最早突破礼乐的限制，取得了高超的艺术成就。如前文提到的战国曾侯乙楚墓中出土的衣柜，柜体六面喻指天地四方，上刻有二十八星宿，左有白虎，右有青龙，虽然展现的是古人对天体运行、宇宙方位的认识理解，但也表现了强烈的自然气息和浪漫色彩。

　　秦汉时代，尤其是汉代，是我国传统漆器工艺加速发展的时候，受社会文化思潮变化的影响，漆器的纹饰也发生了很大的变化。从战国到秦汉，不但社会结构发生了变化，思想文化也发生了重要变化。先是

战国曾侯乙墓漆箱上盖的纹饰

礼崩乐坏，鬼神思想受到冲击，人们对自然的认识加深，紧接着神仙、黄老思想先后兴起，人们又开始追求长生，崇拜神仙，崇尚自然，到了汉武帝时代又独尊儒术，提倡三纲五常，这些思想上的变化都在漆器的纹饰中有所表现。先后出现了鸟、鱼、梅花、云气、山等反映自然界变幻多彩的花纹，和反映现实生活狩猎、歌舞、格斗、贵妇人出行等场景，以及宣扬义士、孝子、圣君、贤相的图案。从出土的汉代实物资料来

马王堆西汉古墓出土的彩绘双层九子漆奁

看，生产地域之广、品种之全、数量之多、工艺之精，都达到了空前的水平。不过，当时的箱子形制都很小，曾侯乙墓发现的装衣物的箱子与如今的小旅行箱大小差不多，更小的还有笥、奁等小箱子。长沙黄土岭曾出土一彩绘的舞女图漆奁。整个漆画由两部分内容组成，表现的是宫女学习舞蹈的情景。画中女子形体苗条，皆为细腰，具有战国秦汉时的审美特点。

魏晋南北朝时期，文人士子崇尚自由，社会上层浮靡奢侈，书画艺术高度发展，雕刻镶嵌技艺也日渐精良，两者结合在一起，使得箱柜上的雕饰工艺大有进步，纹饰以禽兽、夔纹、树纹为主，受玄学和神仙道教的影响，箱柜上还有流云纹、神人车马、翔鹤等绘画进行装饰。这些图画装饰色彩明丽，生动形象，画面神秘空灵，展现了一种简朴雄健和细致瑰丽的艺术风格。另外，受佛教装饰艺术的影响，植物花卉题材的纹饰渗透到了中古时代所有的艺术领域，花草类的装饰纹样越来越多。不过这些制作精良、工艺精湛的箱柜大都使用金银玉石等珍贵的材质，使用木质的也多为漆器，所以还是以小巧型的箱柜为主。

唐宋时期是古代箱柜纹饰发展的一个关键时期，与两汉和南北朝相比，唐宋时期的箱柜纹饰有几个相当显著的变化，这为明清时代的箱柜纹饰奠定了坚实

唐代螺钿箱盖上的花纹

的基础。首先，唐宋箱柜纹饰打破了以往以动物纹样为主的限制，开始大量采用花草纹样和鸟禽纹样，花草类主要有牡丹、莲花、金银花、兰花、菊花、梅花、松竹、水仙、石榴等多种，鸟禽类主要有孔雀、凤凰等。大多数情况下，这些花草鸟禽总要和佛教道教的人、神穿插组合，形成的饱满华丽的图案，色彩十分亮丽，与唐宋社会的富庶自信相一致。比如湖州飞英塔出土的螺钿黑漆经函残片，即画有释迦牟尼端坐于莲花宝座之上，身后有佛光，四大弟子坐小莲花台围坐身边，左右及下面还有花草人物为衬。日本正仓院馆藏的一个黑漆柜子的正面画有一个坐犬，周围上下则以忍冬纹（金银花）为饰。还有一种造型更加饱满的宝相花非常流行，既有莲花的特征，也有牡丹花的特征，显得十分雍容华丽。

唐宋箱柜上的这些花鸟禽兽等纹样都被后世继承下来，比如宝相花在后世被不断翻新，集中了莲花、牡丹、菊花等的特征，这些花的花朵、花苞、叶片被进行抽象的艺术化处理后，再进行重新组合，形成各式各样看起来相似却又不完全相同的图案，不仅用于家具的装饰，也应用于其他的艺术，尤其是民间艺术的创作。在后世的民俗文化中，唐代所应用的各种纹饰都具有一定的象征意义：比如牡丹象征着富贵，梅兰竹菊象征着清雅脱俗，松柏象征着健康长寿，石榴象征多子多福；"猴"喻示"封侯"，"鱼"暗喻"有余"或"多子"，"蝠"比喻"福气"，"鹿"则象征"利禄"等等。而宝相花则含有吉祥、美满的寓意。这些花纹的广泛使用说明这些民俗观念在唐宋时代已现端倪。

明清时期，政治统一，社会繁荣，商品经济发达，家具制造工艺也推陈出新，描金、填彩、戗金、镂雕等相继出现并成熟，这就为箱柜的装饰打下了坚实的基础。明式家具崇尚简洁，以木材的天然色泽和自然纹理取胜，除去大漆箱柜外，很少在板面滥施雕琢。其装饰多在足腿部，一般以螭龙、凤纹、灵芝、折枝、卷草纹为主，虽然只是局部的雕饰，但却起到画龙点

清代雕花漆金柜

睛的作用。清代家具偏好繁复雕琢，盛加装饰，早期箱柜装饰多以和满为美，动物纹饰有龙凤、鱼虫、飞鸟、松鼠等，植物纹饰有卷草、折枝、牡丹、灵芝等，花卉纹饰有梅、竹、兰、菊、荷花等，此外还有博古纹、吉祥图案、云纹、回纹等等，并经常采用描金、彩绘等手法进行装饰，颇有点俗不可耐。清中期以后又采用镶嵌、填色、描绘与堆漆手法，或用金、银、石、珊瑚、象牙、珐琅等珍贵材料进行装饰，或在箱板上画出各种图案，力求达到富丽堂皇的效果。

因为箱柜上有着较大的平面，所以人们常在上面装饰复杂的图案，借以表达对美满生活和幸福的追求。普通百姓人家多用"五谷丰登""年年有余"的纹饰，仕宦书香之家则多用"辈辈封侯""福禄双修"的纹饰。为不同身份的人打制的箱柜，上面的装饰画也各不相同。新婚陪嫁的箱柜通常饰有连理枝、并蒂莲、交欢草、蝶恋花、同心结、鸳鸯戏水等图案；为老人打制的箱柜则有"八仙庆寿""松鹤延年"等图案，还会有松柏寿石、仙禽蟠桃、祥云瑞霭等景物；为读书人打制的箱柜则有"岁寒三友""渔樵耕读"等图案；小儿的箱柜常见小儿放风筝的图案，喻指升官发财，另外还有一些小儿游戏的图画。此外，还有反映世俗生活安定祥和的"九世同居""安居乐业""耕织图"等图画。"九世同居"画的是九只鹌鹑嬉戏于几丛菊花间，"鹌"谐"安"，"菊"谐"居"，九寓九世之意，所以就叫"九世同居"，寓意合家团聚、数代同堂和睦。"安居乐业"画的是一只鹌鹑栖于山石菊花旁，地上有一些落叶，落叶谐音"乐业"，寓意"安居乐业"。

清代箱柜上的装饰最值得一提的是《康熙御制耕织图》。《耕织图》为南宋画家楼俦所绘，有图有诗，

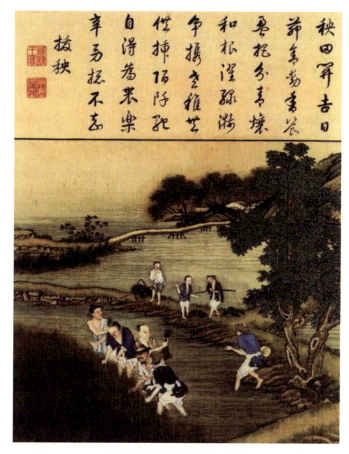

清代焦秉贞《康熙御制耕织图》

　　反映传统社会的农桑生产情况，后来不幸失传。康熙
皇帝南巡之时，当地有人给他进献了世代珍藏的《耕

织图》。康熙帝观后十分感慨，便命令内廷供奉焦秉贞依样绘制，他还亲自为每幅图都制诗一章，这便是"康熙御制耕织图"的由来。"耕织图"内有"耕图""织图"各23幅，以江南农村生产为题材，系统描绘了从浸种、播种到入仓，从育蚕、采桑到成衣的全过程。此后许多能工巧匠便将御制的《耕织图》雕于顶箱柜之上，通过展现古人们辛勤劳作的场景，勉励世人不忘安身立命之本。这幅画不但有着积极的劝世意义，也是最为丰富的古代民风全景图，更堪称古代箱柜雕饰工艺的集大成者。

在传统古典家具的五大系列中，最具文化内涵的恐怕要数床榻了。近年来，随着古典家具收藏热的兴起，全国各地兴办了许多博物馆，用以收藏各式各样的文物，其中也包括古典家具，而床是古典家具中最占分量的一种。这些床基本上都是明清实物，有的小巧玲珑，有的富贵大气，有的秀雅简洁，有的繁复缛丽。不论形制如何，它们或多或少都有一些精美的雕刻，雕刻的内容取材广泛，举凡历史故事、神话传说、戏曲小说、名人轶事和文化典故都包含在内，此外还有很多寓意吉祥如意、福禄寿喜的图案。这些雕刻以精美的艺术手法为我们展开了一幅幅历史人物与民俗风情的画卷，观之令人叹为观止，回味无穷。

# 一、从土台到床——床榻的起源

　　人的一生有三分之一时间是在床上度过的，所以床在人类生活中占有重要的位置，它不但是睡眠休息的家具，而且代表着安全和无忧。"床，安身之坐者。"这一解释在某种程度上反映了人们对床的看法。关于床榻的出现，《广博物志》说床是神农氏发明的，榻是姜太公吕望发明的。其实，与几案、桌椅板凳一样，中国的上古时期也是没有床榻的，我们的先祖们最早是睡在地上的。人们在住屋的中央挖一灶炕，白天围炉而坐，夜间则围炉而眠。为了避免潮湿或寒气侵袭，人们或是在地上撒上一层类似后世白石灰似的粉末，或是用火烧烤土面使其变硬，或在地上整整齐齐地铺上一排排木条、木棍等。有的地方，如陕西绥德小官道发现的龙山遗址房屋，甚至用当地产的页岩石板铺设地坪和屋顶。大约觉得还不够舒服，后来又在屋里堆土成台作为睡卧之处。据考古发现，四五千年以前，我国的很多地方，包括南方和北方，都有高出居住面的土台，这些土台实际上起到了床的作用。土台的发明在起到一定的防潮作用的同时，也提高了居住空间的卫生整洁度和舒适度。

夏商时代的社会分层已经形成，处在社会上层的奴隶主阶层的居室已经很讲究了，金属、玉石被当作建筑材料来使用。殷墟遗址上发现有铜础立柱架梁的基址，西北冈王陵区 1001 号大墓还出土有白色大理石立体雕像，根据出土位置判断，这是柱旁的装饰建筑构件。在当时的条件下，王宫室内的装饰也很豪华，史书记载为"宫墙文画，雕琢刻镂，锦绣被堂，金玉珍玮"，连甲骨文中都有"文室""丽室"的说法。《竹书纪年》上还说商纣王有一个宫殿镶满了各种珠宝，房门是用一块玉板制成的，其豪奢程度恐怕只有沙皇的琥珀宫可比了。商代的贵族活着享受奢侈腐化的生活，死了以后也不愿降低生活水准。一些方国贵族的墓葬也极尽奢华，棺椁上雕着精美的花纹，阴线涂成朱色，阳面涂成黑色，色彩斑斓，显得非常豪华。考古工作人员在洛阳东郊商代地方贵族墓内考古挖掘，竟然发现红、黄、黑、白四色布质画幔，显然商代贵族"锦绣被堂"的生活是相当广泛的。装饰美丽而舒适的居室是商代贵族阶级生活奢侈的集中体现。

居住环境的要求提高了，休息睡卧的要求当然也会提高，如何睡得更舒服便纳入了夏商贵族的计划里，比土台更防潮防寒的床也就出现了。据文献记载，尧舜的时候床就已经出现了。据说舜的弟弟象想害死哥哥，霸占两个嫂嫂，就与父母合谋，让舜去挖井，然后把井填了。象以为哥哥死了，就欢天喜地地来到舜的住处，一进屋子，却发现"舜在床琴"，他的哥哥好端端地坐在床上弹琴呢！这个床是土台还是木床，不得而知。不过，商代的时候肯定有木床出现了。在甲骨文中有床的象形文字爿、爿，床是一块平板加两个支柱组成的器物，放在室内，供人在上躺卧。因为商代已经使用竹木简了，这个床应该就是由竹木制作的。所以《说文解字》说："牀（"床"字之繁体），安身之坐者。从木，爿声。"除了这种床之外，商代还有箱式的床，因为甲骨文中有盄、爿的床字。我国的文字中还有一些字与床有关，比如"疒（病）""葬""寤""寐"等，分别表示病人卧于床上，逝者躺于床上，活着的人躺在床上睡觉或休息。

目前发现最早的床是春秋战国时期河南信阳长台关出土的彩绘木床。此床长 218 厘米，宽 136 厘米，通高 44 厘米，床面为活抽屉板，可以取下，床的四面装配有围栏，围栏前后各留有缺口以供人上下，并用木格做装饰。床有六个腿足，雕刻很精美，床身通体髹漆，彩绘花纹，工艺精湛，装饰华丽，形制几乎与现代的木制床大体相同，但床板离地面的高度仅有

19厘米。从形制来看，当时的制床技术已经相当成熟，以后的2000多年的时间里，除高度以外，床的整体形制并没有太大改变，说明我国传统床的形制在战国时期就已经大致定型。当然了，这种豪华的大床是上层贵族的奢侈品，下层官吏和普通平民百姓是无缘使用的。后者中的很多人恐怕还没有床，仍是使用各种替代品，如土台、石板、木板之类。

春秋战国以来，随着社会经济的发展，人们对生活质量的要求也开始提高，对衣食住行也有了新的要求，新兴的贵族阶层更是如此。在高坐具的木制家具出现之前，人们坐卧都是在地面上，只不过底下要铺张席子。在私人领域如此，在公共领域也是如此。在讲究礼仪的先秦时代，事情不论大小，都要举行繁缛的仪式，非跪既跽。战国以前，社会经济尚不发达，加上"礼不下庶人，刑不上大夫"的规定，席子还能满足旧贵族彰显社会等级的需要。但是战国以后，新兴的贵族越来越不满足旧礼制下的席子，寻求新的座具便走上议程，床则为新坐具的出现找到了突破口。

悬空而架的木床尽管很低，但也比直接坐在地上要舒服多了，既可以防虫，也可以隔潮，但是它比较大，移动很不方便，加上其功能主要用于睡觉，所以摆放地点以固定为宜。既要讲究舒服，又要讲究方便，那么仿制一个小点儿的床当作坐具如何？这一设想因战国时期木工技术的发展而得以实现。战国时期，除了木床以外，还有木制的几案，制作的工艺都很精良，对床进行改造使其变得移动方便，既像床又不是床，能够满足人们在某些活动中，比如举行各种礼仪、宴会，召见接待宾客时坐的需求。于是，榻便产生了。

因为当坐具使用，所以早期榻的尺寸较小，一般只供一人独坐，平面有方形的，也有长方形的，因为形制似床，又是由床发展而来，所以有时也称作床，如《埤苍》一书就解释说："谓独坐板床也。"汉代的榻比战国时的榻要大，一人独坐仍有余，必要的时候就兼坐二人，因此汉榻面积和承重量都较大，相当沉重。西汉榻的式样可以从河南禅城出土的石榻略窥一二。此榻长 87.5 厘米，宽 72 厘米，高 19 厘米。由一个石板和四条石足构成，腿间截面呈长方形，连接腿和板面的牙板呈弧形曲线，这在后来受佛教文化的影响发展成壶门装饰。榻面上的刻字显示，这个石榻是汉故博士常山太傅王君的坐榻。从西汉石榻的形制推断，最初的榻只能坐而不能用于卧。当然，秦汉时期，一般人多席地而坐，或者坐在床上，"榻"则是专供地位尊贵的人使用的坐具。

榻和床虽然功能不同，但因其形制一样，所以在汉代的时候，床也叫榻，榻也称床，只是大小形状有所不同。汉代刘熙在《释名·床篇》中即说"人所坐卧曰床。"又说："长狭而卑者曰榻。"《说文》里也说："床，身之安也。"东汉末服虔所撰《通俗文》亦曰："床三尺五曰榻，八尺曰床。"今天的人们仍习惯上以"床榻"并称也是出于这个缘故。但实际上，床榻的区别除了大小形制外，功能的不同是最明显的，床是卧具，置于卧室，供人睡眠；榻是坐具，置于厅堂，专供休息与待客之用。因为床比较宽大，所以除了睡觉，床还往往兼做他用，所以人们在厅上也会放置大

安丘王封村出土的东汉画像石拓片

床，并在床上放置案几，坐在床上写字、读书、饮食，但榻则只能坐了。

屏大床是汉时最常见的床，床的背后立有较高的屏风，屏风中间装饰的图案非常别致，边上饰有美丽的花纹。安丘画像石上画有两人坐在床上闲谈，大床非常精美，人物形象栩栩如生。有一种屏坐榻的造型与床大体一样，但体积和重量却比床小了不少，只能供一人坐于其上，不能再放几案什物之类了。这种独坐榻是三面围屏，在汉墓中经常见到，屏和榻都以彩绘装饰，屏板的外缘是非常鲜艳的大红彩线，屏内和榻面绘有图案花纹，非常精美。有些榻前还放有长方形踏板，这叫"榻登"，用以登榻床。除了有屏床榻外，汉代还有一种方形的无屏榻，形体较小，只能坐一人，汉代称之为"枰"，也叫独坐榻。床榻与屏的结合影响了后来床的发展，"围屏式架子床"就是在这个基础上产生的。

# 二、床榻功能的合一——床榻的发展

魏晋南北朝时期，床榻的使用比以前广泛，已经成为很普遍的坐卧用具了。这时候的床榻开始有了增高的趋势，这是因为：一方面受胡风的影响，垂足而坐渐渐开始流行，床榻也开始渐渐增高；另一方面建筑技术在发展，特别是斗拱的完善，室内空间变得宽敞明亮。空间和生活习惯的变化也要求家具形体的改变，床榻便趋向高、大、宽的特点发展，同时床榻的功能也渐趋细化。床进一步趋向隐蔽性，使其更适于睡眠，所以封闭性加强。榻更适宜于社交的舒适化，形体变宽变高，人们坐在榻上时不必再跪坐，既可以盘腿而坐，也可垂足而坐。必要的时候，榻还可以兼有"卧"的功能，供人小憩。

魏晋南北朝的床非常注重隐蔽性，两汉时代装饰在床周围的屏风和帐幔等在此时与床结合到一起，成为床的一部分，低矮的围栏变成了屏板，上面有天棚封闭，并垂下帐幔，看起来很高大上。东晋顾恺之的名画《女史箴图》中画有一张床，床的足座比较高，足座与床板的装饰是典型的壶门托泥式。床上的四周是封闭的，由 12 扇大小相同的屏板合围而成。屏板的下半部是实的，上半部是空的，前面的屏板可自由开合，一男子垂足坐在床沿边，一红衣女坐在床里，胳膊搭在屏外。这张床的床帐直接插于床座，床帐和床体合而为一，可以说这是最早的"架子床"。但是床的外边还放有一张曲栅几案，那个男子即据案坐在床边榻，与女人在交谈。

东晋顾恺之《女史箴图》（局部）

当时用于制作床的材料主要是木板，也有石制或玉制的，而后者都是上层社会用来炫富的。宋武帝刘裕时，有人想讨好他，就用上好的石材打造了一张石床献给他；后赵石虎的后宫别院有一个用整玉制作的床，只是比较小；南朝齐时还有玳瑁制的床。用于制造石床、玉床、玳瑁床的材料不好找，那么有人就在木床上镶嵌珠宝来使其显得豪华而富贵，称其为七宝床；有的给床腿再加一个足，使用银涂钉，叫局脚床。当时的木床一般不上漆，只有比较讲究的床才上漆，上过漆的床就称漆床了，也是很高级的。当然局脚床、漆床等都是社会上层人士使用的器物，比如《晋东宫旧事》记载皇太子纳妃，使用的婚床"有素柏局脚床、八板床、漆床"。

榻在魏晋南北朝时期也有了长足的发展。不但其发展的趋势与床相同，向宽、向高发展的同时也与屏板和帐幔结合到一起。当时的榻分为独坐榻、围屏榻和帐榻三种。独坐榻是社交场合的必备坐具，它的长约 75 厘米～100 厘米，宽 60 厘米～100 厘米，高 12 厘米～28 厘米，空间较大，一人坐上去并不显局促，长的可两人并坐，称连榻。据《三国志》记载，蜀人简雍恃才傲物，举止不拘礼俗，与刘备在一起谈话时，经常"箕踞倾倚"，与诸葛亮等人在一起时，"竟独

敦煌壁画中的帐榻

擅一榻，项枕卧语，无所为屈。"虽然垂足而坐已经为人接受，但在正式的场合中，箕坐、蹲坐仍然是不合礼教的放荡行为。竹林七贤之一的阮籍在司马昭的宴席上箕踞啸歌，西晋外戚王济箕坐与晋武帝下棋，都被当时的礼法之士所指斥。而在休闲场合或个人独处时能采取跪坐则被称颂为楷模，梁武帝萧衍的侄子萧藻"性恬静，独处一室，床有膝痕，宗室衣冠，莫不楷模"。

帐榻多用于寺院，北魏时期山西太原天龙山石窟石刻中有一坐榻，榻面四角各有一立柱，上承天棚，棚的四周垂下帐幔，并有很多花饰和坠饰。敦煌壁画中维摩诘所坐的帐榻与此相似，只是帐幔没有这个长，维摩诘坐在榻上注视对方，侃侃而谈。帐榻的出现肯定是受床的影响，但在寺庙中使用较多，可能与僧人露天登台讲经有关。

围屏榻属于高级的榻，形制较大，左右和后部皆用屏板围起，屏板上往往或雕或绘有许多精美的图画，一般为上层贵族所用。北周安伽墓出土过一个围屏石榻，长宽高为228厘米×103厘米×117厘米。全榻由11块青石构成，其中石屏3块、榻板1块、榻腿7块。石屏内外、榻板的前左右三面和榻足皆有贴金浅浮雕图案，内容包括车马出行图、狩猎图、野宴图、乐舞图、

北周安伽墓围屏石榻

宴饮狩猎图、居家宴饮图等，还有各种动物和家畜。画工细腻，极其精美。可见，从汉代到魏晋时期，榻的造型除高矮发生变化外，其形制与装饰也变得丰富起来，但榻与床的形制在宽窄上依然有着明显的区别，榻仍然只适宜于坐，床则坐卧两用。

在魏晋南北朝床榻的基础上，隋唐的床榻进一步发展。随着高足方桌、扶手椅、凳等的使用渐广，人们生活饮食等都是坐椅就桌、垂足而坐，床和榻的功能都不断被削弱。床由一种多功能的家具，退而成为专供睡卧的用品；榻的坐具功能变弱，而兼具卧具的功能被不断放大；床和榻的功能越来越趋向合一。此时的床榻从形制上讲与以前并没有太大的变化，只是制作工艺更讲究，雕饰更为华丽而已。因为社会稳定，经济繁荣，文化包容开放，唐代的床榻便具有浑厚、丰满的特点，显得很大气，尤其是豪门贵族使用的床，往往有复杂的雕花、大漆彩绘，装饰华丽无比。贵族床榻的用料也很讲究，比较好的使用柏木或沉香木，更高级的还有使用象牙制作的。当时的床都带幔帐装饰，帐幔色彩艳丽，富丽堂皇，缀以各种彩穗，鲜艳夺目。床型有箱式、架屏式、平台式，床的前沿大多镂雕有壶门形装饰，铺有编制精致的坐垫，既美观又舒适。当时的文人士大夫多追求素雅洁净，立屏、围屏多素面无饰，即便有装饰也是绘以山水花草，显得十分典雅。

隋唐的榻以独立榻为主，形制与床差别不大，差别只在大小而已。陕西富平李凤墓出土过一个唐三彩榻，其形制与壶门大床相似，即由多个壶门组成。榻均为高榻。唐代敦煌壁画中有很多独立榻，主要有箱式、架屏式、平台式三种。江苏邗江蔡庄出土的五代木榻，长 188 厘米，宽 94 厘米，高 57 厘米，已经与现代的一张单人床相当了。这个榻事实上起到了床的作用，所以榻也经常被用于就寝。唐代有个非常有名的道士叫李泌，从小聪明伶俐，号称"神童"，成年以后精通道学，唐肃宗李亨做太子时经常与他在一起玩耍，做皇帝后把他召到身边，当成重要幕僚和顾问，

"寝则对榻，出则联镳"。

晚唐至五代，士大夫和名门望族多以追求豪华奢侈的生活为时尚，床榻的制作更讲究装饰、讲究华贵。他们经常举行宴饮及社交活动，床榻几案桌椅凳等广泛使用，为了炫富，他们还喜欢延请绘画高手作画，将其奢侈的活动以图像的形式记录下来。五代名画家顾闳中笔下的《韩熙载夜宴图》不但生动描绘了五代贵族豪奢的生活，也清晰地展示了五代家具的使用情况。在这幅画里，床在多处出现，位置摆放相近，或前后或左右，大小也相近。睡觉用的床皆有床帐，装饰华丽；坐用的床有围屏，正面两侧的栏板较矮，可以当作扶手，左、后、右三面围屏较高，每个屏芯均有装饰。床、榻之后还设有屏风，屏上亦有精美的装饰。五代周文矩《宫中图》《重屏会棋图》中的屏风上所画便是一个围屏坐榻。

隋唐五代是中国古代社会的变革时期，也是家具的变革时期。传统的家具和新兴的家具相互替代，名称上便有些含糊不清。比如床有寝床、坐床之分，寝床较大，放于卧室，坐床较小，放于中堂。坐床有大有小，大的可以数人同坐。唐代小说《游仙窟》所记张郎和崔十娘、崔五嫂就是在中堂的坐床上饮酒作乐的。然而榻也是种坐具，也放于中堂，也供人坐而休

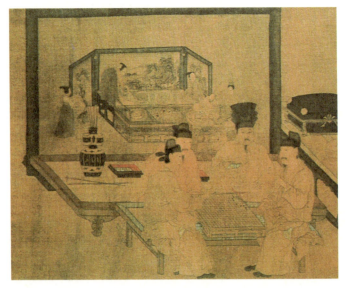

五代周文矩《重屏会棋图》

憩娱乐。按照"床，身之安也"的说法，什么是坐床，什么是榻，实在是不好区分！这种叫法的含糊不清，正反映了古代家具发展史的特点。因为隋唐以后的床与榻都能睡卧，所以后来的人们床榻并称，客人留宿皆称"下榻"，主人欲探望远来的客人，询问对方住在哪里时，也爱问下榻何处？

　　宋代的床周围有间柱，有栏杆，也有围板，床体主要有箱形壶门结构和四足形结构，其中以带栏围的式样最多。宋代《女孝经图》中画有一围床，床上三面设围板，没有任何雕饰，可床足却是雕饰繁复的如意脚，一虚一实形成了鲜明的对比。上层社会的床相当讲究，不仅使用上好的木材，而且盛加帐幔彩结装饰，极尽奢靡，雕刻有各种图案，有的连象牙都用上了。宋床中最著名的就是全榉木人物透雕架子床，明代有仿制品传世，雕工非常精美。富贵人家的床前通常设有置脚踏，有的也很高级。高宗的刘贵妃喜欢奢侈，一年夏天命人"以水晶饰脚踏"以纳凉，被高宗看见，予以呵止。为了起居方便，有的在大床内设置支架，脱下来的衣物便挂在上面。两宋时代的床以辽、金栏杆式围子床最具特色，围栏不高有点像战国的围栏，但又不是网格状，从造型到工艺可比汉时的精致美观的多了。

宋代的榻形制与床大体相似，仍具有坐卧的双重功能，是贵族阶层和文人雅士家中的必置家具。榻上呈开放式，一般不设围栏，方便与他人交谈，制作和装饰都很素雅。榻上常放有凭几、靠背和棋枰等，供人倚靠和游艺。按照榻的座部区别可分为榻下施足和榻下施方座两种。前者是由传统的矮式坐榻发展而来的，榻座为壶门托泥式，造型简洁明快，但却比唐代的榻高得多了。榻下施方座在宋元时期更是常见，而且在数量上也比前者多。

　　从材料而言，宋代的床榻有木床榻、竹床榻、藤床榻和土床等。土床就是土炕，多见于北方寒冷之地。木床最为流行，宋人对木床局部划分比较详细，管床铺叫床敷，管床承坐面的棱角叫床棱，管床帮叫床锐，管床边叫床垠。床的四周挂床裙，均为长方形，以布制为多。藤制的床榻流行在南方，北方比较少见，故而颇受北方人欢迎。据宋人朱彧的《萍洲可谈》记载，王安石的夫人吴氏封越国夫人，有洁癖，而王安石率

南宋《人物图》（局部）

性直爽，俩人性格很是不和。王安石在江宁做官时，吴氏曾借官府的藤床使用，丈夫退休后她也不归还，下吏来索要，仆从们都不敢传话。王安石知道后，一大早光着脚躺到藤床上，仰头望天什么话也不说，吴夫人看见了，立即令人送还了藤床。

宋朝经济虽然很发达，百姓富庶，但皇帝多喜俭朴，反对铺张，《宋史·舆服志》就记载道："凡帐幔、缴壁、承尘、柱衣、额道、项帕、覆旌、床裙，毋得用纯锦遍绣。"不过，皇帝只能管得了皇宫，却管不了社会上的有钱人。富贵人家喜欢在床上大做文章，不仅用绸缎装饰，而且涂以上好的漆。据苏辙《龙川别志》所载，当时富豪李允则家里的"床榻皆吴、越漆作"。

# 三、床与榻的分离——床榻的种类与功用

明清时代，中国家具的发展达到了最巅峰，传统家具的五大系列都已经形成，每一系列的家具形制、功能、摆放都有严格的讲究，能安身的东西已经不能统统都称床了，床和榻虽然都能睡卧，也被合称床榻，但在造型和功能上已有了明显的区别。放于寝室睡觉用的叫床，在形制上越来越封闭和私密化，完全是一个独立的小空间。放于大厅或其他房间，比如书房、内厅、花厅，用于待客或日常休息小憩的叫榻，其形制比床要矮点短点，虽然也能卧，但并不用来睡觉，只是用来坐息、会客和办公的。榻上要置一张矮几，几上摆放茶具、文具、书籍等。几的两侧分别置有坐垫、隐枕（如今的抱枕）。相对于床，榻是属于开放性或公开性的家具，是可供众人观瞻的。此时的床榻制作从工艺到种类，从装饰到涂漆，都达到了历史的最高水平。

专用于夜间睡眠的床有两种，一是架子床，二是

拔步床。

　　架子床也叫棚架床，是古人使用最多的床，因床顶有架，故名。架子床在隋唐时期便已定型，在明清两代很流行。它的做法是在床的四角各安一根立柱，上承床顶，顶盖四周装楣板，床左后右三面装有围栏，用小料拼接形成几何图样，正中无围，便于上下。有的床在正面多加两根立柱，两边再各装方形栏板一块，

明代架子床

清代月亮门罩式架子床

这种称为六柱架子床。巧手的工匠会把正面用小木块拼成四合如意的形状，中间再加上十字，组成大面积的棂子板，但中间要留出椭圆形的月洞门。两面围栏和床顶上部的横楣板也采用同样的工艺制作。床屉分两层，用棕绳和藤皮编织而成，下层为棕屉，上层为藤席，棕屉起保护藤席和辅助藤席承重的作用。四面床牙有螭、虎、龙等浮雕纹饰，床牙里面挖槽打眼，将棕绳尽头用竹楔镶入眼里，然后再用木条盖住边槽。这种床屉使用起来比较舒适。

拔步床或称八步床、踏步床，造型很奇特，很像一间独立的小屋子。之所以名为"拔步"，是因为要迈上一步才能到达床边。它实际上是一张架子床和一个带框架的木制平台的组合。床下有一木制平台，正面伸出床沿二三尺，平台四角立柱，镶以木制围栏，在床前形成一个浅廊。有的还在两边安窗户，这样就形成一个回廊。回廊中间通常放置一个脚踏，两侧可以放置一些小型家具和杂物，多为主人体己用物。如果说床是寝室的话，那么这道回廊就是外间了。高级的拔步床可以有数道浅廊，周边上下都用长短不一的小木棍做榫，攒接成各种网格造型，矩形、圆形、菱形、如意形等，更高级的装饰就是各种各样的木雕图案了。供人出入的廊门造型多样，方形、半圆形、上圆下方形皆有。拔步床是高级的床，采用上好木材制作，工艺通常都采用木质髹漆彩绘，显得金碧辉煌，豪华之极。这种床多见于南方，四面挂上帐子，既防蚊虫叮咬，又方便主人起居。

其实，明清时代的床远不止这两种。从用途上讲有不同的叫法，从装饰和用材上讲，也有不同的叫法。明代官员以官府为家，上任的时候往往要由当地官署置办家具。海瑞出任浙江淳安知县，地方官吏按照规定给他置办的家具除桌椅板凳之外，光床就有暖床、凉床、中床、四柱床、小床、斗床、粗漆床等多种。由于商品经济发达，社会富庶，有权有钱的富贵人家生活多讲求奢侈，《金瓶梅》中的西门庆家中就有很多装饰得非常名贵的床，装饰的珠宝不同，床的名称也不同。上层贵族阶层更是贪婪无度，挥霍浪费，搜罗天下奇宝，无所不至，名贵之床多不胜数。大奸臣严嵩被抄家后，奇珍异宝堆积如山，被没收的床就有雕漆大理石床、黑漆大理石床、漆木大理石架床、山字大理石床、堆漆螺钿描金床、嵌螺钿著衣亭床、嵌螺钿梳背藤床、镶玳瑁屏风床等诸种。床有暖床与凉床之分，又有大床、中床、拔步床之分，拔步床也有大拔步与中拔步之别。

明清的榻主要有罗汉床（榻）、贵妃榻两种。

罗汉床是指左右和后面装有围栏，但不带床架的一种床。围栏多用小木棍做榫攒接而成，形成各种网格状。也有用三块整板做成，上有雕刻或绘画，也有镶嵌其他材质，最多的是大理石。名其为床，却不放在卧室，而是把它放在厅堂待客，其实就是榻。明代有一种形制较矮，高尺许长四尺的弥勒榻，人们将其"置之佛堂、书斋，可以习静坐禅，谈玄挥麈（zhǔ），更便斜倚"。形制与罗汉床很相像，只是大小和用途不同。罗汉床其实就是弥勒榻的一种，体形较大。据说束腰且牙条中部较宽的榻曲线弧度变化较大，有点像罗汉的大肚皮，故称罗汉床。其实，罗汉床很可能是从宋代僧人修禅打坐的坐床发展而来的。宋画《五山十刹图》画有一个三围式方丈坐床，供僧人盘足坐于上面休息，后围子最高，主要由四部分组成，每部分又被分割成大小不一的矩形组合。两侧的围子叫板头。坐床高52.7厘米，床面长155厘米，宽93厘米。这种床在明代发展一分为二，大的用于客厅叫床，小的用于内室叫榻。罗汉床亦有大小之分，小的只可坐，大的可卧，中间放置一几，两边铺设坐垫，制作考究的罗汉床形态庄重、非常典雅气派，一般都陈设在王

明代五屏攒边围子罗汉床

公贵族的厅堂中，普通人家是没有的。

贵妃榻又称"美人榻"，是贵族妇女憩息的专用榻，有单翘头式和双翘头式。榻面比较狭小，制作精美，形态优美，用料也极为讲究，配以彩绘雕刻，显得雍容华贵。明清时期贵妃榻的榻体多为平板和按摩板，体型较欧美贵妃榻为大，龙纹透雕最为流行，精打细磨，技法高超，皇室风范和皇权威严得到了充分的体现。仪态端庄、神情高贵的后妃盛装坐于榻上，人与榻互为衬托，越发显得尊贵无比；午后小憩，美人淡妆斜卧，人的曲线之美与榻的造型之妙相映得彰，越发秀雅妩媚。

明代的床榻与其他家具一样，造型设计比较简练，装饰少而精致，包括华贵的拔步床和典雅气派的罗汉床也是如此。床榻从不做大面积的装饰，只是在局部地方，通常在牙板等附件或者线脚处、床榻的顶端或是底部，做一些卷草纹样的雕饰，与大片素面相映衬，简洁而明快，不张扬，不外显，既打破平直呆板的格局，整体看起来又不失朴素与清秀的本色，体现了明代社会儒雅的文化品格和追求自然的文人气质。正如桌椅箱柜屏风一样，明清两代床榻的制作也由简洁朴素向华丽繁复发展。因为清代的家具制造无法在制作工艺和材料方面超越明代，所以尽力在装饰方面下功夫，除髹漆和雕绘以外，还多用各种奇珍异宝和精美石材、高级硬木做镶嵌，走向了繁缛和庸俗，与明代相比，失色不少。

不过若从材质上分，明清时的床榻有高级和普通两类。高级的床榻是用黄花梨、紫檀等珍贵硬质木材制成，通常使用髹漆工艺，或者贴金装饰，或者镶嵌珠宝，流光溢彩，富丽堂皇。清代有一个乾隆御诗博古描金漆榻，是乾隆六下江南时杭州地方长官为他精心定制的。该榻以紫漆为底色，屏板由三块独板围合而成。从屏板到床身再到床脚，布满了透雕，几无一处空白。透雕的图案有灵芝、蝙蝠、龙纹、云纹，还有八仙过海和神兽。屏板内侧用描金手法绘有 60 种祭祀礼器和皇室用具，只只样式不同，零星间杂神兽、神龟和花钱。后屏板的左侧画着一轮直径 10 余厘米的红太阳，上有金文题写的七言古诗，落款"乾隆御题"。整张古榻雍容华贵，帝王之气尽显，乾隆睡在上头自然龙心大悦。

这些用黄花梨、紫檀等珍贵硬质木材制成的高级床榻当然非普通人家所能拥有。民间使用的床榻用常见的白木材质制成，但做工也非常讲究，有的在插榫拼接上下功夫，做成各种网格形状的吉祥图案，有的讲究精雕细刻。传世的有一张朱漆金雕檐拔步床，产

于清代的江浙地区，制作工艺非常精巧，朱漆金雕亦
显富贵，门前的四根直柱上沿采用阳雕彩绘的手法刻
有"夫妻恩爱今宵得"等表达夫妻和睦的楹联，门楣
和前后屏板浮雕各种图案，有"三娘教子""乳姑奉
亲""负米养亲"等。这张床虽然笔法流畅，雕工精细，
但民俗气息非常浓厚，一看就是当地殷实农家的婚床。
类似的床在民间流传很多，可谓雅俗共赏。

清代拔步床

# 四、卧榻之上——从礼仪到民俗的演变

床与榻从其出现起，到发展定型，其功能从各自不同，到分分合合，再合合分分，经历了漫长的历史过程。秦汉以前，我们的祖先有床没有榻，在专用坐具出现之前，人们往往席地而坐、席地而卧，所以床在产生之初便有了坐和卧的两种功能。《诗经·小雅·斯干》唱的"乃生男子，载寝之床"是卧，《孟子》记载的"舜在床琴"是坐。据考古发现，当时的床靠山墙而放，大约占了半边的房子。在私寝里，床就是人的活动中心，卧也在上，坐也在上。在公共场合，如庙堂之中，祭坛之上，办公之所，就只能坐席了。不过，人是一种喜欢享受的物种，战国以后，床被加以改造移到了外寝，用于公共场合的社交和公务，也用于家庭的送往迎来，这就是榻了，也叫坐床。而用于睡的床不仅深藏内室，而且越来越私密化。久而久之，围绕着床榻便产生了丰富的历史文化和礼仪习俗。

中国自古以来便以礼仪之邦自居，脱胎于上古血缘宗法制而形成的礼乐制度体现的是严格的尊卑等级。虽然周公之礼在战国时代便彻底崩坏，但由于儒家的挖掘提倡与弘扬，礼制的精神即"君君臣臣、父父子子、夫夫妇妇"及"仁、义、礼、智、信"等伦理纲常，却使得尊卑有等、长幼有序、男女有别的古礼在社会上流传下来，并通过汉武帝的"罢黜百家，独尊儒术"而得以普遍施行。当床榻替代筵席成为社交和公务的坐具后，就被赋予了浓厚的等级观念和威严的政治功能，代表着权力和地位。如皇帝专用的床榻称龙床、御榻，若非是皇帝金口恩准，其他人不许擅登，连皇后也没有这个权利，否则轻者贬官，重者杀头。如果蒙恩与皇帝"同榻而坐"，如李泌之于唐肃宗，则是天大的恩宠和荣耀。而在官府衙门，床榻也具有隐喻政务安稳的功能。唐代宰相办公的地方叫政事堂，宰相所坐为政事床，历任宰相均"讳移床，移则改动"。唐玄宗年间，宰相姚元崇归家休假，源乾曜升任宰相，擅自将政事床挪移。姚元崇假满归来，见床移，勃然大怒，吓得源乾曜下拜谢罪。玄宗知道后就罢了源乾曜的官。不久，姚元崇也罢相了。时人都认为这是源乾曜移床的缘故。

在汉代，人们室内的日常生活以床、榻为中心，床的功能不仅供睡眠，用餐、交谈、读书、书写等活动也都在床上进行，这样的场景大量地出现在汉代画像砖、画像石上。陈放在中堂上显著位置的床比较高也比较宽，可供多人坐，与独坐榻略有不同，但只有尊者能坐床。比如皇帝上朝，居中坐床，大臣们则跽坐于席，年长且地位尊贵者皇帝会赐独坐榻，后世赐椅凳。主仆之间，主人坐床，仆人跽坐于地。上层贵族礼尚往来，级别相同或均坐于床，或另有独坐榻相对而坐。亲友间聚会，按长幼之序亦如此安排。这种礼仪一直被延续下来，今天也是如此。

一般说来，安排客人独坐一榻是对客人尊重的表示。东晋时有个叫刘爱之的人很有才干，被殷浩推荐给丞相庾亮，庾亮非常高兴，召入府中任参佐，让他一人坐一榻与他交谈。如果榻不够而人较多的话，则会安排双人或多人坐连座榻。有些自视清高的人会很不高兴，认为主人对自己不够重视。西晋时杜预官拜征南将军，同僚们都来祝贺，主人招呼大家两人或数人合坐一榻，裴叔则和羊稚舒后到，见状不悦，讥讽道："杜元凯就是用连榻招待客人的吗？"说完，连坐都不肯坐，扬长而去。如果视来客为知己，关系亲密，可以和来客同榻，如主人的社会地位高于自己，而得与主人同榻，那可是莫大的荣光了。

虽然南北朝时期垂足而坐已经为人接受，但在公共场合和正式的社交中，仍然得规规矩矩跽坐于榻上。家庭之内也是如此，若想伸腿垂足而坐，只能等待家中无宾客、尊长不在场的时候，否则便是严重失礼，要受到责骂的。唐代以后，由于桌椅的出现，垂足而坐渐渐普遍，日常办公和社会交往多采用高坐具，人们的跽坐功夫严重退化，在某些情况下，跽坐成为一种变相的惩罚措施。唐代御史中丞敬羽奉命审问宗正卿李遵的贪污案，他把李遵请来谈话，很客气地让他坐在榻上，可他却采取跽坐的方式，李遵也只好跽坐。敬羽慢条斯理地审问李遵，李遵狡辩，他也不着急。敬羽身材瘦小，李遵却又高又胖，时间一长便招架不住，中间"绝倒者数四"。实在受不了了，李遵只好

明代谢环《杏园雅集图》（局部）

将贪污的前前后后全盘交代。

从两汉开始，中国古人待客的最高级别一直在床榻之上，明清以后的北方除了榻之外，又增加了炕，尤其是有清一代的北方更为流行，这与清朝的习俗有关。这种习俗一直延续到民国初年，直到开始流行西式沙发。从两汉的画像石、画像砖，到五代的《韩熙载夜宴图》，以及宋元明清的绘画，还有明清两代描写世俗生活的小说，比如《金瓶梅》《红楼梦》《醒世姻缘传》等，这种场景是反复出现的，只是换了人物、换了服装、换了场地而已。人们用"扫榻以待"的成语表达对客人到访的欢迎，正是这种礼仪习俗的反映。喜欢附庸风雅的文人士子坐于榻上，彼此交流思想，讨论诗词歌赋，研讨声律音韵，或谈经论道，或品茗对弈，榻已经不再是实用性的器物，而是一种文化的载体，承载着古人的生活态度、生命哲学和人生智慧。

与榻的公开性、开放性相比，床身居内室，具有极强的隐蔽性和私密性，所以从不轻易地出现在大众的视野中。汉代的画像石和后世的绘画也难见其场景，唯明清时的色情小说多有描述。因为隐蔽所以神秘，其象征意义比榻更为重要。对不同身份的人来说，其象征意义完全不同。据《谈苑》记载，公元 974 年，北宋大军兵临金陵（今南京）城下，太祖赵匡胤召南

明代天启版《五言唐诗画谱》

唐后主李煜到汴京（今开封）朝见。李煜派徐铉到汴京求和，打算称臣，偏安一隅，赵匡胤断然拒绝："不须多言，江南有何罪，但天下一家，卧榻之侧，岂可许他人鼾睡？"这个故事从此成为典故，床榻被用来喻示自己的势力范围或利益。皇帝睡卧的床叫龙床，龙床安稳意味着江山稳固、皇权不可撼动。所以皇帝的床无论是材质还是做工，无论是造型还是装饰都是天下最好的，而且是他人不可擅卧的，即便是后妃也是如此。

不过，对社会大众来讲，床就是睡卧的家具，是睡眠和休息的地方，人们追求的是舒适度和心理满足感。而在中国传统社会里，趋吉避凶、福禄寿喜、多子多福是人们数千年来传承的社会文化心理，床的制作和装饰除了追求工艺的美感之外，也刻意表达了古人对人生幸福美满的追求和向往。

人的一生会使用很多床，尤其是经常外出交游的男性，但在人们心目中最重要的床莫过于婚床了。婚姻是合两姓之好，"上以事祖先，下以继后嗣"的大事，不仅事关家族的繁衍兴旺，也关乎个人的幸福快乐，所以只要条件许可，人们就会在婚床的制作上下很大的工夫。明清以后的婚床多为"架子床"和"拔步床"，其中"拔步床"被视为最好的婚床。在江浙一带，姑娘结婚，娘家要陪送新房里的家具，包括婚床、箱柜和梳妆台等。在这些家具里，婚床最受人看重，既能反映出新娘娘家的家境，也能体现出新娘的身份。为了女儿未来的幸福，大户人家往往在婚床的制作上不惜成本，使得古代婚床变得越来越复杂，促使拔步床出现。

　　拔步床不但制作工艺高超、无与伦比，私密性极强，而且在它上面那些蕴含着不同主题的雕刻和绘画中，体现了丰富的历史文化和民俗心理文化。雕刻和绘画大都是一些象征吉祥如意的图案和一些戏剧故事、民间传说，比如喜上梅梢、五子登科、并蒂莲花、天仙配、西厢记等。在床的最深处，很多图案都带有云雨之事的暗示色彩，作为新婚夫妻必修课的教育课本。在传统社会里，性是不能登大雅之堂的，床笫之欢只能在风月场所里谈，夫妻之间追求性愉悦是不道德的，尤其是女子更不能有这种需求。但是为了完成传宗接代的任务，古人便采取各种暗示的方法对初涉婚姻的男女进行启蒙教育。新娘陪嫁中的压箱底画是一种，婚床上雕刻或绘有暗示男女交合的图画也是一种。

　　因为担心年轻人看不懂，聪明的古人在拔步床上设置了一个小小的机关。有人在拔步床的床檐下悬挂一个鸟形的小雕件，这在民俗的话语中象征着男根。盼望儿子早生贵子的父母，主要是老婆婆，老公公是不可以的，经常透过事先准备好的小孔，往洞房里窥看，若见小鸟摆动幅度很大，说明年轻人已经渐入佳境，这意味着快要抱孙子了。而在大户人家里，少爷少奶奶安睡都是要由丫鬟仆妇侍候的，如果下人们看

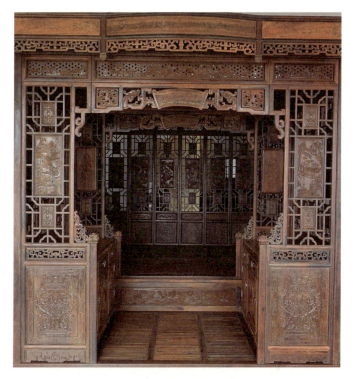

清代拔步床

到小鸟摆动了，她们就不能再进房伺候了。小鸟的设计真是一举两得。

　　古人结婚的目的是生儿育女，生女出嫁从人，生男传宗接代，光耀门楣，所以当年轻夫妻诞下麟儿后，老爷太太们便会为孙子准备睡床。这是古人重视的第二张床。相传清代有一张六柱单围的秀才床，上面画有秀才进京赶考、唐伯虎点秋香等才子的故事。据说床的原主人天天在上面睡觉，经过十年寒窗苦读，终于高中状元。这个故事反映了古人对子孙睡床的重视程度。人们认为"架子床"是最合适孩子睡的床。架子床相对较小，放在未成年男子的房中大小最合适。而且床多为硬板床，床面的两侧和后面均有围栏，床前不设围子，这既可防止小儿掉到床外，也利于小儿身板挺拔，更利于上下，真是一举三得。架子床的形制比较朴素、雅致，很少有大面积的雕镂装饰，讲究的人家会在床屏上雕刻或画上书香世家、文房四宝、状元及第或梅兰菊竹等图画，既起到画龙点睛的效果，使整个氛围显得轻松、安静，又可对小孩子进行启蒙教育，让他们从小就热衷于学习。

明末清初江浙一带流行"百子百戏"漆床。此床综合了明代架子床和清代小开门架子床的特点，典雅而简洁。因为所用木料是厚实沉重的铁力木，故而显得沉稳、大气。床顶的描金凤凰雕刻极具功底，一看就出自大师之手。整张床的雕刻都是黑底描金，采取的手法有深雕、浮雕和阳雕。图案的内容表达了80种不同的文体活动，都是儿童的游戏，包括捉迷藏、丢手绢、踢毽子、老鹰捉小鸡、跳绳等，一共雕刻了有近百名儿童，个个稚态可掬，形象生动、明快，也非一般工匠所能为。这张床显然也是富贵人家的子孙床。古人为子孙准备用床的良苦用心，反映出古人对子孙的教育思想。

古人重视的第三张床是家中长者的床，通常是一家之主所睡的床。这张床很可能是他结婚时的婚床，也可能是后来家境条件改善而专门定制的。在江南一带，如果一家之长去世时属于高寿，一般要上七十岁，那么这张床便可称作长寿床。古代生活和医疗卫生条件都不太好，能活到七十的人不多，所以才有"人生七十古来稀"的说法。为求长寿，图个吉利，家中子孙都要到床上去躺一下，然后再把这张床传给新任的一家之主，这样一代一代地传下去，寓意着香火不绝，家道兴旺，子子孙孙无穷尽也。相比婚床和子孙床，长寿床的形制不拘一格，拔步床架子床皆可，其中被称作"百福千工床"的是最好也是最高级的一种。

千工床从形制上讲就是拔步床的拓展。"百福千工"意味着这张床花费上千天的功夫，睡在此床上可以求得上百种福分。一千多天就是三年多，做一张床用了这么长的时间，可见做工之精之细之奢之华。最讲究的百福千工床有三进，即模仿四合院的形制，以卧床作厅堂，以三个回廊作庭，卷篷顶相当于屋瓦，踏步相当于台阶，踏步前的柱架、挂落、花罩组成廊庑。

清代百福千工床的精美木雕

一个百福千工床可以占去半个房间，而且还是较大的房间，非大富大贵之家不能拥有。廊庑左边安放小箱柜，上置灯台，右边放马桶箱，后半部是床铺。一个百福千工床就是一个独立的起居空间。因为做工精致，费时费日，所以这种床大多采用紫檀、黄花梨等名贵的红木制成，坚固耐用，使用多年而不会腐蠹。取名百福是因为床上布满了各种雕刻图案，取材来自民间故事、神仙传说、历史名著、古典剧目等，有百子图、如意图、聚宝盆，有松鹤延年、指日可待、八仙过海、福禄寿三仙，不是寓意多子多福、吉祥如意，就是象征吉星高照、延年益寿等等，都是传统社会中最现实

最美好的愿望。这一张床把中国古人一生的追求全部
体现出来了。当然，能做得起这种床的人家非富即贵。

　　明清时代的社会早已离我们远去，人类的生活发
生了根本的变化，那古色古香、厚重质朴的古典家具
已经不适合现代社会的生活，但其精湛的制作工艺、
含蓄典雅的艺术美感和美轮美奂的装饰效果，以及扑
面而来的浓厚的文化气息依然吸引着我们，让人对之
痴迷不已。于是一所所的江南园林被修缮整齐，曾经
不知所踪的几案椅凳和床榻等各就各位。虽然这些家
具大都是民国时代日常所用，远不具备明清时代高档
家具的精美与气派，但仍然能满足当代人对古典家具
的好奇与慕恋之心。还有那么一批热衷于古典家具的
收藏与保护的人，不惜花费巨金四处搜罗，建起一座
座古典家具的博物馆，供古典家具的爱好者在内徘徊
观赏。当然还有纯粹的收藏家们，不惜巨资拍下明清
家具中的精品，以满足自己对精品文物的喜好。

　　近些年来随着古典家具热的兴起，仿古家具的制
造也颇为发达。高端的仿古家具价格不菲，但并不能
令古典家具爱好者们望洋兴叹。在私人的住宅，如果
空间足够大，装修很雅致，摆放上几套仿古家具，不
但主人的文化品位立刻得到了提升，主人的经济实力
也得到了彰显。即便是现代化的住宅，摆上几件带有

古典艺术特色的新派家具，洋气中透着清雅，简洁中流露出尊贵，也不失为一种提高主人品位与修养的好方法。古典家具以其设计之合理、造型之优雅、制作之精良、装饰之秀丽、材质之厚重和寓意之美好仍在深深地影响着我们的生活。